Origine de la vie sur le globe

DU MÊME AUTEUR

Librairie Flammarion (26, rue Racine).

LA VIE DES ORCHIDÉES (*Bibliothèque de culture générale*). 1 vol.

Librairie Larousse (17, rue Montparnasse).

HISTOIRE NATURELLE ILLUSTRÉE. I. *Les Plantes*, par MM. J. Costantin et Faideau. 1 vol. in-4°, plus de 800 photogravures, 338 dessins, 11 planches en couleurs, 15 grandes photogravures hors texte.

Librairie Alcan (Boul. Saint-Germain, 108).

LES VÉGÉTAUX ET LES MILIEUX COSMIQUES (*Bibliothèque scientifique internationale*).

LA NATURE TROPICALE (*Bibliothèque scientifique internationale*).

LE TRANSFORMISME APPLIQUÉ A L'AGRICULTURE (*Bibliothèque internationale*).

Librairie Gauthier-Villars (55, Quai des Grands-Augustins).

L'HÉRÉDITÉ ACQUISE (*Bibliothèque Scientia*).

Librairie générale de l'Enseignement (4, rue Dante).

NOUVELLE FLORE DES CHAMPIGNONS (*En collaboration avec L. Dufour*).

PETITE FLORE DES CHAMPIGNONS (*En collaboration avec L. Dufour*).

ATLAS DES CHAMPIGNONS.

ATLAS DES ORCHIDÉES (30 planches en couleurs).

ORCHIDÉES CULTIVÉES (Descriptions, 2 fascicules).

Librairie Masson (120, Boul. Saint-Germain).

ÉLÉMENTS DE BOTANIQUE, par Van Tieghem et Costantin. Nouvelle édition revue et modifiée.

E. GREVIN — IMPRIMERIE DE LAGNY

Bibliothèque de Culture générale

JULIEN COSTANTIN
MEMBRE DE L'INSTITUT, PROFESSEUR AU MUSÉUM

Origine de la vie sur le globe

Avec 31 figures dans le texte

PARIS
ERNEST FLAMMARION, ÉDITEUR
26, RUE RACINE, 26

A la mémoire de mon fils

RENÉ COSTANTIN,

Soldat au 45e régiment d'infanterie,
mort et disparu au combat de Mametz,
le 18 décembre 1914.
Croix de guerre et Médaille militaire.
Élève de l'École Normale supérieure ;
Agrégé des sciences physiques.
Auteur d'un mémoire
« Sur la compressibilité osmotique des émulsions
« et l'influence des parois
« sur l'activité du mouvement brownien. »

ANALYSE DU TRAVAIL DE RENÉ COSTANTIN

« M. Perrin ayant montré que la pression osmotique des émulsions suivait la loi Mariotte-Van't Hoff, pour des concentrations faibles, René Costantin se proposa de rechercher ce que devenaient les compressibilités dans les émulsions concentrées. »

« Par deux séries d'expériences d'un ordre différent, l'une portant sur la répartition en hauteur, l'autre sur la condensation moyenne, il fut conduit à appliquer aux émulsions concentrées la loi de Van der Waals et de plus à y introduire un terme de *pression-interne négative*, révélant entre les grains une *répulsion* qui agit à des distances de l'ordre de leur rayon. La vérification de la loi de Van der Waals, ainsi que la théorie de Smoluchowski sur les fluctuations de concentration, montrait que l'*émulsion a toutes les propriétés du fluide*, tel que le conçoit la théorie cinétique. Costantin montrait de plus que la loi de Stokes, qui suppose indéfini le milieu visqueux, n'est pas applicable à un sphérule situé au voisinage d'une ou de deux parois, et qu'il en résulte une diminution pour le parcours moyen d'un grain en un temps donné; il étudiait la variation de ce parcours avec la distance aux parois » (Marcel PRENANT, *Annuaire des anciens élèves de l'Ecole Normale supérieure*, 1921).

De l'avis de M. Violle, membre de l'Académie des Sciences, le travail précédent révélait un esprit vigoureux destiné à un brillant avenir scientifique. [Voir PERRIN, *Les Atomes*, 2e édition, 1920, p. 177. En parlant de la théorie d'Einstein sur le mouvement brownien, M. Perrin dit : « J'avais trouvé pour N la « valeur 69. Mais une cause d'erreur m'a été signalée par « René Costantin. Ce jeune physicien, au cours de pointés que « je lui avais demandé de faire dans des préparations épaisses « seulement de quelques microns, s'aperçut que le voisinage « d'une paroi ralentit toujours le mouvement brownien (la « théorie d'Einstein suppose un fluide indéfini). Opérant à dis « tance sûrement suffisante des parois, avec des grains qui « m'avaient servi, il a pu trouver pour N la valeur $64\ 10^{22}$. » « Dans son diplôme d'études, remarquable, il avait pu étendre « la loi de Van Waals aux émulsions. »]

Origine de la vie sur le globe

CHAPITRE PREMIER

LA GÉOLOGIE ET L'ORIGINE DE LA VIE

Depuis que l'homme pense, il s'est préoccupé de l'origine du monde et surtout de l'apparition de la vie ; il s'est demandé par quel acte mystérieux les animaux et les plantes ont commencé à pulluler sur notre globe.

L'antiquité païenne, les Égyptiens, les Assyriens et Chaldéens aussi bien que les Juifs, ont envisagé des explications différentes de ce problème capital, et la solution proclamée souvent comme une révélation divine est devenue le fondement de la plupart des religions. Envisager la question de la Genèse avec les simples ressources de l'esprit humain, pourra paraître une œuvre téméraire, car les mots « génération spontanée » sonnent mal et ceux qui les prononcent inspirent une sorte d'effroi. Les grands débats sur l'altération des liquides fermentescibles qui ont retenti en France au cours de la deuxième moitié du XIXe siècle, où s'est illustré Pasteur et dans lesquels il a triomphé définitivement de ses contradicteurs, Pouchet, Jolly, Musset, Bastian, pourraient conduire à croire que la question de l'hétérogénie est close. Cependant Pasteur lui-même s'est bien gardé de prononcer un pareil arrêt. Parlant de la génération spontanée, il s'est borné à dire : « Si tant est qu'elle est en notre pouvoir (1) ». Il est peu scientifique de laisser systématiquement une question en dehors de notre examen parce qu'elle a été abordée autrefois par des savants qui cherchaient des preuves dans de mauvaises directions.

Le problème de la genèse des êtres vivants se pose tout naturellement par les recherches de la Géologie. C'est aussi en interrogeant cette science que nous commencerons notre étude.

A quelle période géologique correspond l'apparition de la vie? On fait débuter l'ère paléozoïque au primaire, par le Cambrien qui comprend les premiers organismes bien conservés. C'est tout de suite une faune très complexe, c'est l'ère des Trilobites qui commence. A côté d'eux des groupes multiples sont déjà représentés :

1° Protozoaires (Foraminifères, notamment *Globigerina*, *Orbulina*);

2° Spongiaires (*Protospongia*);

3° Hydrozoaires (*Graptolithidæ*);

4° Echinodermes (Cystoïdés et Crinoïdés);

5° Vers (*Arenicolites Scolithus*);

6° Brachiopodes (très abondants: *Lingulidæ*, etc.);

(1) Beaucoup de gens instruits se figurent que Pasteur s'est posé dès l'abord en adversaire de la génération spontanée, il n'en est rien. Il écrivait en 1877 : « Voici bientôt vingt années que je poursuis, sans la trouver, la recherche de la vie sans une vie antérieure semblable. Les conséquences d'une telle découverte seraient incalculables. Les sciences naturelles, la médecine et la philosophie, en recevraient une impulsion que nul ne saurait prévoir. Aussi, dès que j'apprends que j'ai été devancé, j'accours auprès de l'heureux investigateur, *prêt à contrôler ses assertions*. Il est vrai que j'accours vers lui plein de défiance. J'ai tant de fois éprouvé, dans cet art difficile de l'expérimentation, que les plus habiles bronchent à chaque pas et que l'interprétation des faits n'est pas moins périlleuse. »

7° Mollusques (Lamellibranches, Gastéropodes, Céphalopodes);

8° Crustacés (Ostracodes, Phyllopodes, Gigantostracés : *Aglaspis;* surtout nombreux Trilobites : *Agnostus*, *Conocephalus*, *Olenus*, *Paradoxides*, *Sao*, *Ogygia*, etc.);

9° on ne connaît aucun Vertébré;

10° les végétaux sont inconnus (les *Oldhamia* sont des Hydrozoaires; les *Eophyton* ne sont plus considérés comme plantes).

Il s'agit donc d'un monde déjà extrêmement compliqué, où l'évolution est intervenue avec une très grande ampleur.

Cependant, si l'on admet les anciennes classifications, l'ère paléozoïque débuterait avec le Cambrien. Avant cette période, la terre aurait passé par le stade *azoïque;* l'existence de la vie correspondrait à un ensemble *euzoïque* composé de plusieurs ères et cette période aura fatalement une fin, dans un avenir lointain, lorsque notre globe roulera dans les espaces célestes comme un astre mort, comparable à la lune actuelle; l'ère *apozoïque* (de Dollo) commencera alors jusqu'au jour final de la destruction définitive de la Terre.

La théorie de Laplace fait dériver le système solaire d'une nébuleuse qui s'est condensée en globes de feu qui, en se refroidissant, ont formé une croûte solide à leur surface. C'est ainsi que la Terre a dû se constituer (1). D'après les calculs de Lord Kelvin, ces phénomènes primordiaux ont pu se passer il y a 20 ou 40 millions d'années (plus près de 20 que de 40) (2). La température continuant à baisser, la vie a pu apparaître et les premiers êtres vivants se sont formés.

(1) Théorie renouvelée et modifiée dans ces derniers temps (voir : CHAMBERLIN. The Evolution of the Earth. *Scientific Monthly* 1916).

(2) Certains auteurs trouvent des chiffres plus élevés allant jusqu'à 100 millions d'années (OSBORN, p. 29).

« Ils ne dérivaient pas d'organismes préexistants, dit Errera, puisqu'ils étaient les premiers. Ils doivent donc s'être formés sans l'intervention de parents, au moyen de composés de carbone, d'hydrogène, d'oxygène et d'azote empruntés à la matière ambiante. » M. Bellot et M. Douvillé ont décrit la formation de cette croûte terrestre autour d'un noyau de feu, mince pellicule recouverte d'un océan sans rivage, entouré lui-même d'une atmosphère superficielle. Selon M. l'abbé Maumus (t. I, p. 189), « aucune raison biologique ou physico-chimique ne s'oppose à ce que les organismes inférieurs aient fait leur apparition dans les océans qui baignaient les roches constitutives du système archéen. »

Ce devaient être des êtres très inférieurs, des Protophytozoaires dont le corps était aussi simple que possible. « Il nous est donc permis de conclure que le premier élément vivant qui ait apparu à l'origine des temps géologiques ne pouvait être qu'une simple cellule. Nous ajouterons que cette cellule devait nécessairement vivre dans les mers de cette époque. On sait, en effet, que pour jouir de ses propriétés vitales, le protoplasma exige une proportion considérable d'eau, que certains évaluent à 75 p. 100. Par conséquent tout habitat non aquatique serait impossible à une masse aussi minime que la cellule. » (Maumus.)

Ces considérations très judicieuses rappellent, il ne faut pas le dissimuler, la conception de Thalès de Milet, grand philosophe grec de l'Ecole ionienne, qui disait que « tout vient de la mer ». M. Osborn (1918) a émis une autre hypothèse que la vie a dû naître sur les continents, soit dans les crevasses du sol et des rochers, soit dans l'eau fraîche d'étangs continentaux ou dans l'eau légèrement saline des bords des mers primordiales.

Comme de juste, on n'a pas retrouvé des traces de cet être primitif; il était trop petit, trop chétif, trop fragile. Il a disparu à jamais et rien ne fera retrouver des témoignages de son existence.

La faune cambrienne nous met en présence brusquement d'un monde vivant très complexe, très différencié, où presque tous les embranchements que nous connaissons à l'heure présente à la surface de la terre sont déjà représentés. Il faut donc scruter à nouveau d'une manière approfondie les terrains et les roches antérieurs au Cambrien et voir quelle réponse ils donneront au problème capital que nous posons en ce moment.

Les géologues américains qui ont rencontré dans leur pays, notamment au Canada, dans la région des Grands Lacs et du fleuve Saint-Laurent, d'énormes agglomérations rocheuses qui sont précambriennes ont été amenés à proposer une subdivision en deux des terrains primitifs :

1° l'*Archéen* proprement dit, formé de roches exclusivement métamorphosées et éruptives (gneiss, gneiss granitoïde, formations cristallophylliennes, etc.);

2° l'*Algonkien*, composé de roches détritiques, de calcaires, de grès ou de quartzites, de schistes.

Qu'a-t-on trouvé dans l'Archéen rappelant la vie? Nous n'insisterons pas sur l'*Eozoon canadense* découvert en 1863 par Mac Mullen, à la partie supérieure de ce que l'on a appelé le Laurentien, dans un calcaire serpentineux cloisonné avec des couches alternatives de serpentine, de pyroxène et de carbonate de chaux. Carpenter a cru y reconnaître un Foraminifère (1). Möbius a montré que la structure est beaucoup trop irrégulière pour permettre de penser à une origine organique. L'interprétation précédente a été définitivement abandonnée. Sederholm a rencontré dans les schistes archéens de la Finlande des matières charbonneuses qui prouvent « d'une manière

(1) Des restes analogues ont été trouvés en Bavière (*Eozoon bavaricum* Gümbel), en Finlande, en Bohême (*E. bohemicum* Höchstetten), dans les Pyrénées (*E. pyrenaicum* Garrigou).

indubitable, dit M. Haug, la présence d'organismes. Certains petits amas en forme de sacs ont été interprétés par ce sagace observateur comme des fossiles de nature problématique, tels que Echinodermes primitifs ou plus vraisemblablement végétaux de structure peu compliquée. » (IIe partie, t. I, p. 569.)

L'Algonkien qui vient au-dessus de l'Archéen, est un système d'une importance énorme. En Bretagne et dans le Cotentin, l'épaisseur de ces couches a été évaluée à 5.000 mètres (Briovérien de M. Ch. Barrois); dans le nord de l'Ecosse les grès de Torridon (Torridonien) ont environ 3.000 mètres d'épaisseur; aux Etats-Unis, M. Walcott attribue aux deux séries du Grand Canon du Colorado (Unkar et Chuar) 4.000 mètres. Ces chiffres sont éloquents et on est conduit à envisager comme admissible l'opinion formulée par les auteurs américains que l'ensemble de la période algonkienne correspond à une immense durée qu'ils estiment avoir été « *aussi longue que toute l'ère paléozoïque* ». Il a fallu, en effet, un temps immense pour que les deux règnes (animal et végétal) et presque tous les embranchements animaux se constituent.

Les dépôts détritiques jouent un grand rôle dans cette période algonkienne; les géologues les expliquent par les dégradations intenses de chaînes de montagnes archéennes et algonkiennes. Il y a eu des mouvements orogéniques importants après des périodes de sédimentations de longue durée. Fait nouveau et capital, mis en lumière récemment par M. Coleman, à la suite de ses recherches au Canada dans les environs de Cobalt (Ontario), il y a eu des dépôts glaciaires et ceci implique « pour le début de l'époque algonkienne un climat plus rigoureux que celui de l'époque actuelle. »

Etant donné ce qui précède, on conçoit que l'on n'ait pu retrouver des restes organiques dans la période algonkienne.

M. Walcott dans l'Amérique du Nord a signalé dans l'étage supérieur Chuar, du Grand Canon du Colorado (Arizona), des preuves incontestables d'une faune déjà très différenciée. Citons notamment des coquilles écrasées en forme de Patelles (*Chuaria circularis*), des *Hyolithus* assez douteux, un fragment qui ressemble à une plèvre de Trilobite. Il a récemment trouvé des traces de Bactéries dans une section d'une Algue, plante du calcaire de Newland de l'Algonkien du Montana dont l'âge remonterait à 33 millions d'années.

Dans le Montana (couches de Belt, en discordance avec le Cambrien moyen) on a révélé des pistes d'Annélides, de Mollusques, de Crustacés, enfin une immense quantité de débris aplatis, tronçonnés que M. Walcott a appelés *Beltina Danai*.

En Finlande, M. Inostranzeff a décrit des lits de charbon atteignant 2 mètres d'épaisseur (shungite).

Le travail très important de M. Cayeux sur les phtanites de Bretagne mérite, à ce propos, une mention toute particulière. Il ne s'agit pas d'empreintes plus ou moins obscures (*Arenicolites*, *Taonichnites*, *Ctenichnites*) qui sont des pistes indistinctes, mais malgré cela très intéressantes au point de vue où nous nous plaçons; il ne s'agit pas non plus des *Archæozoon Cyathospongia*, *Halichondrites* où les naturalistes ont cru retrouver de premiers indices de la vie animale ou végétale; « beaucoup de géologues, dit M. Cayeux, y voient des manifestations vitales d'une suffisante authenticité, tandis qu'un certain nombre considèrent leur attribution à des organismes comme très problématique. »

On désigne sous le nom de phtanites des roches siliceuses déposées en couches minces, stratiformes, souvent avec des lits interstratifiés de charbon. C'est M. Barrois qui a déterminé l'âge de ce gisement breton qui se trouve à la limite de l'étage des schistes à minéraux et des phyllades de Saint-

Lô; c'est ce savant également qui a remarqué, au microscope, dans des préparations de ces roches des sections circulaires qui ont été l'objet des recherches approfondies de M. Cayeux, sections identifiées avec des restes de Radiolaires. Grâce à beaucoup de persévérance, ce dernier a pu acquérir des notions précises et justes sur ces animaux très inférieurs tout à fait archaïques. On sait que pour réaliser quelques bonnes opérations dans les études de cette nature, il en faut faire un très grand nombre, et Rüst, spécialiste en Radiolaires moins anciens et moins difficiles à étudier, rapporte qu'il avait fait plus de 5.000 sections pour réunir seulement 200 formes en bon état.

Une localité heureusement très riche des environs de Lamballe (Ville au roi en Marout) a permis d'observer des dépôts où ces animaux si particulièrement intéressants pullulaient. Les Radiolaires ainsi découverts étaient de très petite taille de 15μ à 20μ par exemple. Ces dimensions s'écartent beaucoup de celles des Radiolaires connus paléozoïques et actuels. Ce caractère est d'autant plus frappant que les Radiolaires siluriens ont déjà la taille de ceux qui vivent aujourd'hui. « Personne, dit M. Cayeux, n'a jamais songé à assigner aux Radiolaires une limite de taille; personne n'oserait poser en principe que les Radiolaires à squelette continu devaient nécessairement être aussi grands que ceux qui peuplent nos mers, et l'on ne voit pas bien pourquoi cette même taille ne pourrait se modifier dans le temps, comme c'est le cas de tant d'organismes » (p. 217).

Une autre particularité de ces Radiolaires de l'époque algonkienne c'est la variabilité de leurs dimensions : par exemple dans le genre *Cenosphæra* les changements sont du simple au quadruple. C'est là une dérogation à une règle qu'on avait pu observer antérieurement, que les Radiolaires appartenant à un même genre ont sensiblement les mêmes dimensions dans une roche donnée. Observant dans un même gisement un nombre considérable d'individus d'un même type avec des tailles différentes, M. Cayeux explique ces variations par l'influence de l'âge. C'est là une explication très naturelle, mais il y a lieu de s'étonner que cette règle devienne partout ailleurs l'exception : dans la gaize oxfordienne, par exemple, toutes les sections du Radiolaire ont sensiblemen

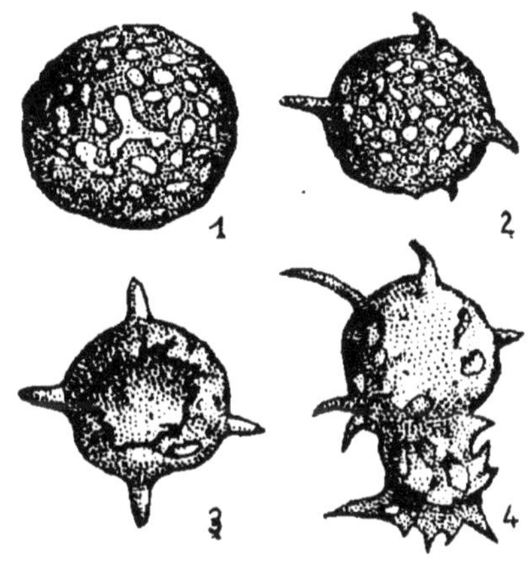

Fig. 1 à 4. — Radiolaires précambriens : 1, *Cenosphæra*; 2, *Acanthosphæra* ; 3, *Staurosphæra* ; 4, *Dicyrtida* (d'après Cayeux).

la même taille. C'est grâce à la nature siliceuse de la carapace que ces animaux si anciens ont pu être conservés; elle a gardé sa composition initiale car elle est encore amorphe, aussi se distingue-t-elle, en lumière polarisée, des parties intérieures et extérieures formées de calcédoine et même de quartz. A titre exceptionnel, les débris de ces animaux peuvent être carbonisés : cela ne doit pas nous étonner puisque le carbone est l'élément essentiel du protoplasma.

Le genre *Cenosphæra* que nous venons de mentionner plus haut est celui qui prédomine ; il est formé de coquilles sphériques simples, qui étaient percées (fig. 1) de grands pores, quelques-uns nettement hexagonaux. Fait bien extraordinaire mais dont on avait un autre exemple avec les Lingules du Silurien et du Cambrien, ce genre a persisté jusqu'à nos jours. Il faut reconnaître qu'une pareille constatation est assez troublante et pourrait sembler une objection assez grave à la théorie de l'évolution (1). Mais il n'y a pas lieu de s'émouvoir outre mesure d'une pareille remarque, car la Paléontologie apporte d'autre part des arguments si décisifs en faveur de l'apparition, de la disparition des types animaux (2) et de leur enchaînement dans le cours des âges qu'elle est considérée, avec juste raison, comme fournissant les preuves décisives en faveur des conceptions darwiniennes.

Mentionnons à côté du genre précédent les *Xiphosphæra* créés par Hæckel dont la coquille est ornée d'épines égales. Tandis que le premier genre était antérieurement connu à l'état fossile dès le Silurien, ce second représentant du groupe n'avait été signalé antérieurement que dans le Dévonien, quant à la distribution bathymétrique actuelle (car les *Xiphosphæra* sont encore vivants), ce sont des animaux de grande profondeur (4.475 brasses) tandis que les premiers vivent en surface ou à une profondeur beaucoup moindre (2.900 brasses au plus).

Ces deux formes de Radiolaires algonkiens appartiennent au groupe des *Spumellaria* avec d'ailleurs un certain nombre d'autres types (*Carposphæra*, *Staurosphæra* (fig. 3), *Acanthosphæra* (fig. 2), *Spongurus*, etc.).

Mais il est très important de constater qu'un autre ordre, celui des *Nassellaria*, avait aussi une légion de représentants. Tous ces autres Radiolaires ont une coquille treillisée souvent partagée en plusieurs segments par des sillons transversaux et dont l'axe

(1) Bastian invoque de pareils faits comme des arguments en faveur de plusieurs générations spontanées successives dans le cours des âges de la Terre (voir chap. XIII).

(2) Disparition des Trilobites avec les terrains primaires; apparition des Mammifères avec le tertiaire, etc.

longitudinal à deux pôles différents, par exemple *Sithocapsa* (et à côté *Tripocalpis*, *Archicorys*, *Dictyocephalus*, etc.), 8 genres de Spumellaria, 10 genres de Nassellaria.

Un certain nombre de formes indéterminées comme genre peuvent être cependant rapportées avec certitude aux Radiolaires (*Dicyrtida* (fig. 4), notamment).

M. Cayeux a fait une remarque intéressante, il constate que les roches de Bretagne (les plus anciennes par conséquent) renferment des Radiolaires plus parfaits que ceux des terrains paléozoïques plus récents.

La « marche progressive du développement de ces animaux s'est arrêtée au cours des périodes précambriennes ou cambriennes ». C'est là une donnée très curieuse, qui jette une lueur singulière sur la marche de l'évolution aux premiers âges du globe.

De l'énumération des genres retrouvés par Cayeux dans l'Algonkien breton, il découle que les deux groupes *Spumellaria* et *Nassellaria* étaient déjà très largement représentés et différenciés. Ces deux branches ont dû se détacher d'un tronc commun et M. Cayeux conclut, avec un peu trop de timidité, selon nous, à « la possibilité — sinon la certitude — de l'existence de Radiolaires plus anciens, moins éloignés de leur architype ».

En résumé bien qu'en somme la Géologie ne nous permette pas de résoudre le problème de l'origine de la vie, les documents qu'elle nous fournit sont du plus vif intérêt. Ces restes certains d'êtres déjà très variés (Bactéries, Algues, Radiolaires, Mollusques, etc.), nous apprennent que la vie avait déjà énormément progressé dans la partie supérieure de l'Algonkien, car il faudra (et cela a déjà été entrepris), subdiviser cet énorme système si on doit le considérer comme équivalent, au point de vue de la durée, à l'ensemble des autres terrains paléozoïques. Si ce facteur temps n'était pas envisagé, il faudrait admettre que cette éclosion primitive de la vie aurait eu, peut-on dire, le caractère d'une véritable création, c'est-à-dire d'une production accélérée de formes sous l'influence d'une évolution raccourcie.

C'est là d'ailleurs une conception qui avait été déjà entrevue et formulée autrefois par Naudin car, selon lui, l'évolution aurait fonctionné pendant une période très courte et tout se serait figé dans une stabilité qui semblait donner satisfaction à ceux qui défendaient alors la fixité de l'espèce. Les naturalistes à l'heure actuelle n'en sont plus là, mais les données de la Géologie peuvent s'harmoniser avec l'hypothèse naudinienne.

BIBLIOGRAPHIE

Barrois. — (*Comptes rendus Acad. sc.*, t. 115, p. 397, 8 août 1892.)

Belot (E.). — Essai de vérification de la nouvelle théorie physique sur la formation des océans et des continents primitifs. (*Comptes rendus Acad. sc.*, 6 juillet 1914.)

Cayeux. — Les preuves de l'existence d'organismes dans le terrain précambrien. 1° Note sur les Radiolaires précambriens. (*Bull. Soc. Geol. Fr.*, 3e série, t. 22, p. 197, pl. XI, 1894.)

Coleman. — The Lower Huronian Ice Age (*Journ. of. Geol.*, t. 16, p. 149, 1908).

Dana. — Manuel de Géologie, 2e édition.

Dollo. — Sommaire du Cours de Géologie (*Extension de l'Université de Bruxelles*, 1895, p. 26).

Douvillé (H.). — Les premières époques géologiques (*Rev. scient.*, 1er mai 1915).

Errera. — Essai de philosophie botanique (*Rev. de l'Université de Bruxelles*, t. V, 1899-1900; *Recueil de l'Institut bot. Léo Errera*, t. IV, p. 63).

Haug. — Traité de Géologie II. Les Périodes géologiques (fasc. 1).

Inostranzeff. — Ein neues äussertes Glied in der Reihe der amorphem Kohlenstoffe (*Neues Jahrb. f. Miner.*, 1880, t. I, p. 97).

LORD KELVIN. — The age of the earth as fitted for life (*Philosophical Magazine*, 1899, ser. 5, vol. 47, p. 75).

LEGAN, DAWSON, CARPENTIER, STERRY HUNT. — On the occurence of organic remains in the Laurentiam Rocks of Canada (*Quart. Journ. Geol. Sc.*, t. 25, p. 45, pl. VI-IX, 1865).

MAUNUS (Dr abbé). — La cellule. Son origine. Sa vie. Sa mort. 2 vol. 1918.

MOEBIUS (Karl). — Der Bau des *Eozoon canadense* nach einigenen Untersuchungen verglichen mit dem Bau der Foraminiferen (*Palæontographica*, t. 25, p. 75, pl. XXIII-XL 1876).

NAUDIN (Ch.) — Les espèces affines et la théorie de l'évolution (*Bull. Soc. bot. France*, t. 21, 1874, p. 240).

OSBORN. — The Origin and Evolution of Life. London (1915) (trad. franc, par SARTIAUX, 1921).

RUS . — (*Palæontographica*, t. 38, 1882).

SEDERRHOLN (J.J.). — Ueber den gegenwartigen Stand unserer Kenntniss der kristalinischen Schiefer von Finnland.

WALCOTT. — Discovery of Algonkian Bacteria (*Proc. National Acad. sc.*, 1915, avril, p. 256).

CHAPITRE II

HYPOTHÈSE DES COSMOZOAIRES

L'évolution accélérée dont nous venons de mentionner la possibilité n'exclut pas une origine extraterrestre de la vie. L'hypothèse assez étrange d'une origine interplanétaire des êtres extraordinaires qui ont été appelés Cosmozoaires a été formulée, pour la première fois, en 1821, par le comte Sales-Guyon de Montlivault, chevalier de Malte. Cette conception un peu bizarre était complètement tombée dans l'oubli, quand un grand esprit, William Thomson anobli et devenu lord Kelvin, la ressuscita en 1871 lorsqu'il envisagea la possibilité de l'origine de la vie terrestre aux dépens de fragments provenant des ruines d'autres mondes. En 1873, Helmholtz, dans la préface du premier volume de la 2e partie de la traduction allemande du « Traité de physique théorique » de Thomson et Tait, exprima à nouveau cette idée sur laquelle il est revenu en 1884. Elle a d'ailleurs été complètement adoptée par Van Tieghem en 1891. « La végétation de la Terre, dit ce dernier auteur, n'est qu'une très petite partie de la végétation de l'Univers. Une fois apte à la vie végétale, elle s'est peuplée de plantes comme se peuple encore aujourd'hui une île émergée ou un rocher éboulé par l'apport de germes venus de leur voisinage. La seule objection qu'on puisse faire est le prétendu isolement matériel de la Terre dans l'espace. Mais tout le monde n'admet pas cet isolement. La chute des météorites est là d'ailleurs pour le démentir. Il aurait suffi qu'une fois, ou un petit nombre de fois, quelques germes enfermés dans un météorite ou apportés par tout autre moyen parvinssent au globe terrestre après son refroidissement. La Terre une fois ensemencée, tout se serait développé à partir des germes positifs. La végétation de la Terre a eu un commencement et aura une fin; mais la végétation de l'Univers est éternelle comme l'Univers lui-même. » Bonnier s'est fait le défenseur des mêmes conceptions (1916).

Malheureusement l'explosion d'un astre (Cygne, 1876, Persée, 1902) résultant peut-être de la collision de deux planètes obscures, amène un tel dégagement de chaleur qu'il doit détruire toute trace d'êtres vivants sur les fragments de l'astre brisé. Les météorites charbonneuses (type de celles d'Orgueil, 1864) qui ont servi de base aux hypothèses panspermistes sont enveloppées d'une couche vitrifiée résultat de la fusion des parties superficielles par la chaleur dégagée pendant leur chute. D'ailleurs la matière organique qui s'y trouve ne viendrait pas d'êtres vivants mais serait formée d'hydrocarbures analogues à ceux qui se produisent fréquemment dans la fonte blanche (Berthelot, Schutzenberger et Bourgeois, etc.) (1). Pasteur a eu l'idée de faire des prises aseptiques dans cette météorite d'Orgueil, il est venu pour cela au Muséum, d'après le témoignage de M. Stanislas Meunier, et a fait des prélèvements; les résultats de cette recherche ont été négatifs (2).

(1) Au milieu de la substance organique amorphe, il y a des granules de silicates magnésiens, mélangés à de nombreux cristaux de brunnérite et de pyrrhotine. Il y a des chlorures et sulfates alcalino-terreux, du nickel, du chrome, etc.

(2) Pour Renard, la vie est absente des météorites métal-

L'intervention des météorites ne donnant aucun résultat, Richter (1865), Ferdinand Cohn (1872) ont songé à la deuxième conception formulée plus haut par Van Tieghem de semences cosmiques susceptibles de flotter dans l'espace et ayant pu déposer sur la Terre des germes de vie.

Arrhénius a fait sienne cette conception. Il a rappelé que la lumière exerce une certaine pression sur les corps qu'elle éclaire. « Cette pression est largement suffisante pour propulser avec une assez grande vitesse des corpuscules et les soustraire à l'action de la pesanteur, lorsqu'ils ont une circonférence égale aux deux tiers de la longueur d'onde des rayons incidents ». Or, il existe des « microbes qui ont des dimensions voisines et souvent plus petites que celles prévues par cette théorie, Arrhénius croit que leurs germes *invisibles* sont certainement soumis à cette pression de radiation et qu'alors ils peuvent être envoyés avec une très grande rapidité à travers les espaces célestes, jusqu'à ce qu'ils atteignent un nouveau monde et l'ensemencement » (1). « Pour leur départ, la pression de radiation n'étant pas suffisante, Arrhénius prévoit l'action de courants aériens qui peuvent emporter des germes à plus de 100 kilomètres d'altitude. Une fois arrivés dans ces hautes régions de l'atmosphère, au contact des poussières électrisées négativement que l'on y rencontre toujours, ils se chargeront de la même électricité et ils seront repoussés brusquement dans les espaces célestes. C'est alors que subissant la seule pression de radiation du soleil, ils commenceront leur interminable voyage (2). »

liques ; il s'agit d'astres finis, arrivés au terme de leur évolution, entrés depuis longtemps dans la phase apozoïque. Les silicates qu'ils contiennent sont ceux des péridotites. Ils proviennent de parties internes des corps planétaires ayant la même structure que la nôtre (Daubrée, Stanislas Meunier).

(1) Paul Becquerel.

(2) Ils mettront 20 jours pour arriver de la Terre à Mars,

Arrhénius a suivi les germes dans cette course errante à travers les espaces solaires, il les a vus adhérer aux poussières cosmiques qui forment des nuages autour de tous les systèmes stellaires ; ces particules sont plus grosses que les germes et peuvent subir l'action des forces attractives des astres ; il explique ainsi leur chute à la surface d'une planète et, selon lui, dans cette dernière phase, la température qu'ils subiront ne dépassera pas 100°. Dans ces espaces célestes les germes, par contre, auront à supporter des froids de — 190° à 273° et de hauts vides, mais grâce à une extrême sécheresse ils peuvent résister à ces causes de destruction. Malheureusement il y a à envisager un autre agent nuisible, c'est la radiation ultra-violette. Or, d'après les expériences de Marshall Ward, Roux, Paul Becquerel et d'autres chercheurs, après six heures de l'action de l'ultra-violet, les spores les plus résistantes sont toujours tuées. Aussi ce dernier auteur croit-il devoir conclure que « l'ensemencement des mondes entre eux est impossible ». Il y a d'ailleurs une remarque d'une autre nature qui paraît propre à faire rejeter l'hypothèse des Cosmozoaires, c'est que si l'ensemencement extra-terrestre était possible, ce phénomène ne se serait pas produit une seule fois et les germes successifs auraient dû donner naissance à des séries très différentes d'êtres. Or ce n'est pas ce que semble dire la Géologie. Tout en somme s'enchaîne dans les règnes animal et végétal ; on passe par des transitions des Invertébrés aux Vertébrés, des Vertébrés inférieurs aux Mammifères, puis à l'homme. Il n'apparait pas des filiations très différentes comme cela aurait dû certainement se produire avec les germes venus de toutes les parties des mondes stellaires.

Il y a lieu d'ailleurs de noter que la remarque pré-

3 mois à Jupiter, 14 mois à Neptune, 900 ans à l'étoile du Centaure, le système stellaire le plus proche du système solaire.

cédente semble impliquer, en outre, qu'il n'y a eu qu'une génération spontanée (ou création) à l'origine des âges géologiques (hypothèse admise par Spencer, Huxley, Tyndall, Osborn). On peut être tenté de dire que les deux hypothèses qui viennent d'être exposées — génération spontanée des êtres vivants à l'époque algonkienne ou l'origine interplanétaire de la vie terrestre par les cosmozoaires — correspondent, pour ainsi dire, sous une forme moderne, à deux conceptions anciennes : l'une celle de la Bible, l'autre celle des Bouddhistes qui admettent la persistance indéfinie de la vie. Il est vrai que, dans ce dernier cas, c'est la métempsycose qui intervient pour imposer à l'être la douleur de toujours renaître pour toujours souffrir. Bouddha n'a trouvé, pour échapper à ce cauchemar des renaissances indéfiniment répétées que le refuge du « nirvana », c'est-à-dire du non être, récompense de la prière et de la sainteté. « Pour concevoir une pareille doctrine, dit Taine, il faut renverser toutes nos habitudes occidentales, effacer toutes les couleurs sombres dont nous entourons l'idée du néant, ne plus considérer avec Pascal comme deux misères égales « l'horrible alternative d'être éternellement malheureux ou éternellement anéanti ». Cela est bon pour les races fortes, actives, âprement attachées à leurs projets, incessamment relevées par la salubrité et la dureté de leurs climats, portées en avant par un souffle continu de courage et d'espérance. »

BECQUEREL (Paul). — La panspermie interastrale devant les faits. (*Rev. scientif.* (18 fév. 1911.)

BONNIER. En marge de la Grande guerre. — Contre Pasteur, 1916.

COHN (Ferd.). — Ueber Bacterien (*Sammlung gemeinverstandlicher wissenschaftlicher Vorträge*, Virchow und Holtzendorff, 1872, p. 33).

HELMHOLTZ. — Ueber die Entstehung des Planeten systems (*Vortrag und Reden*, vol. II, Brunswick, 1884).

LORD KELVIN (Thomson). — Discours inaugural (*British Associat. adv. sc.*, 1871, Edinbourg).

MARSHALL WARD. — (*Rev. scientif.*, 25 août 1894, p. 230).

DE MONTLIVAULT (Comte Sales Guyon). — Conjectures sur la réunion de la Lune à la Terre, etc. (brochure anonyme signalée dans « Ciel et Terre », 1885, 2e série, t. I, p. 406).

RENARD. — Recherches sur la structure des météorites chondritiques (*Bull. Acad. roy. Belg. sciences*, 1899, p. 549).

SVANTE ARRHENIUS. — L'évolution des Mondes (Traduct. Seyrig, Paris, 1910).

TAINE. — Le bouddhisme (*Nouveaux essais de critique et d'histoire*, p. 296).

THOMSON UND TAIT. — Handbuch des theorischen Physik 1873 (traduct. allem. Préf. Helmholtz, vol, I, 2e partie).

VAN TIEGHEM. — Traité de Botanique, Paris, 1891.

CHAPITRE III

LA MATIÈRE VIVANTE

L'étude de la Géologie conduit, comme nous venons de l'exposer, à l'hypothèse d'une génération spontanée, ou, si ce mot effraie, à la conception d'une création primitive. Les preuves d'un tel phénomène ne peuvent être données.

Il est très possible que ce problème soit aussi insoluble que celui du mouvement perpétuel. Cependant les sciences biologiques, qui datent d'une période très récente, ont déjà fait des découvertes si importantes qu'il ne faut pas se décourager en face de cette question. En tout cas, les recherches dans cette direction peuvent être utiles pour mieux comprendre cette chose mystérieuse qu'on appelle la vie.

L'examen de la composition chimique des êtres vivants est susceptible de nous conduire à faire plusieurs remarques intéressantes dont on doit la première idée au philosophe anglais Herbert Spencer et au botaniste belge Errera ; elles vont nous montrer une connexion intime et profonde avec la question que nous agitons.

Pour fixer nos idées sur les corps simples qui, par leurs rapprochements, arrivent à constituer un organisme doué de vie, nous nous adressons à un végétal, par exemple l'herbe des prairies. Le tableau suivant va nous renseigner immédiatement sur la composition des plantes :

1.000 kil. de plantes fraîches renfermant :	eau			750 kil.
	substance sèche 250 kil. comprenant	matière combustible ou organique 230 kil.	carbone	110 —
			oxygène	100 —
			hydrogène	15 —
			azote	5 —
		cendres 20 kil.	potasse	5 —
			magnésie	1 kil. 200
			chaux	3 — 500
			oxyde de fer	0 — 300
			acide phosphorique anhydre	1 — 500
			acide sulfurique	0 — 600
			soude	0 — 500
			silice	0 — 500
			chlore	0 — 900

Ces chiffres sont très instructifs, ils nous apprennent d'abord le grand rôle que joue l'eau dans le végétal ; ils nous montrent, en outre, que pour 100 kilogrammes de plantes fraîches il n'y a que 20 kilogrammes de cendres. Ces éléments salins bien que peu abondants sont cependant très importants; en somme le végétal vert ne se développe que s'il rencontre quelques sels dans la terre. Il emprunte, en outre, le gaz carbonique à l'atmosphère ; c'est grâce à la fonction chlorophyllienne qu'il fabrique son protoplasma, les matières albuminoïdes où prédominent le carbone, l'hydrogène, l'oxygène et l'azote ; l'azote vient du sol, parfois de l'atmosphère (dans le cas spécial des Légumineuses qui fixent l'azote libre), mais si l'oxygène et l'hydrogène viennent de l'eau, le carbone vient de l'acide carbonique de l'air. C'est la chlorophylle qui capte l'énergie solaire et amène la dislocation de CO^2; on a pu dire avec raison que la plante est « un rayon de lumière condensée ».

Lorsque l'on fait une analyse approfondie des

plantes, en recherchant tous les éléments, même les plus infimes qui s'y trouvent, on voit que, sur 81 corps simples connus, 8 entrent dans le protoplasma, selon M. Massart (1), 6 sans être nécessaires se rencontrent dans un grand nombre d'êtres, 6 existent très exceptionnellement.

Éléments du protoplasme.			Éléments entrant dans beaucoup d'organismes.			Corps simples exceptionnels dans les organismes.		
H	poids atomique	1,008	Na	poids atomique	23	Fl	poids atomique	19
C	»	12	Si	»	28, 3	Al	»	27,40
Az	»	14,01	Cl	»	32,46	Cu	»	63,57
O	»	16,00	Ca	»	40,07	Br	»	79,92
Mg	»	24,32	Mn	»	54,93	Sr	»	87,63
P	»	31,04	Fe	»	55,84	Io	»	126,93
S	»	32,07						
K	»	39, 1						

Le physiologiste allemand Preyer, en 1873, le chimiste italien Sestini, en 1885, ainsi que Spencer ont insisté sur ce fait que les éléments simples biogénitiques ont tous des poids atomiques peu élevés, ce sont donc des corps légers. Les corps simples du protoplasma appartiennent aux trois premières rangées du système périodique de Mendélejeff (2) (4 dans la première et deuxième rangées, 3

1. En fait, l'existence de C, O, Az, H, P est établie, celle du Mg, S, K, est moins certaine et surtout moins générale; le magnésium existe dans la chlorophylle, le soufre dans les essences sulfurées des Crucifères. Il y a de nombreuses divergences entre le tableau de M. Massart et celui donné par M. Osborn (p. 65).

(2) Les 4 premières lignes du système périodique de Mendélejeff sont :

1	H = 1									
2	Li = 7	Gl 9.2	B = 11	C = 12	Az = 14	O = 16	Fl = 19			
3	Na = 23	Mg = 24	Al = 27	Si 28	P = 31	S = 32	Cl 35.5			
4	K 39	Ca 40	?Sc 44	Ti 48	V = 51	Cr = 52	Mn = 55	Fe 56	Ni 58.8	Co 58.6

Voici d'ailleurs la liste complète des poids atomiques

dans la troisième, 1 dans la quatrième) — système fondé, on le sait, sur les poids atomiques. Pour Sestini, seuls les éléments chimiques qui ont des atomes légers seraient doués de la mobilité nécessaire à la vie. Voici comment s'exprime Herbert Spencer dans ses *Principes de Biologie* (p. 22). Ayant insisté sur ce fait que, parmi les quatre corps C, H, O, Az, il y a trois gaz parfaits associés à un corps fixe infusible, il ajoute : « N'était la mobilité moléculaire extrême que possèdent trois des quatre principaux éléments de la matière organique, et n'était la grande mobilité moléculaire qui en résulte, pour leurs composés les plus simples, l'élimination rapide des déchets de l'action organique ne pourrait avoir lieu et il n'y aurait point cet échange continuel de matière que la vitalité implique. »

internationaux des 81 corps simples, d'après Urbain (1921)

Aluminium, 27,1
Antimoine, 120, 2.
Argent, 107,88.
Argon, 39,9.
Arsenic, 75,0.
Azote. 14,01.
Baryum, 137,37:
Bismuth, 208,0.
Bore, 11,0.
Brome. 79,92.
Cadmium, 112,40.
Cæsium 132,81.
Calcium, 40,09.
Carbone, 12.00.
Cerium, 140,25.
Chlore, 35,46.
Chrome, 52,1.
Cobalt, 58,97.
Cuivre, 63,57.
DYSPROSIUM, 162,5.
Erbium, 167, 4
Etain, 119.0.
EUROPIUM, 152,0.
Fer, 55,85.
Fluor, 19.
Gadolinum, 157,3.
Gallium, 69,9.
Germanium, 72,5.
Glucinium, 9,1.
Helium, 4.0.
Hydrogène, 1,008.
Indium 114,8.
Iode, 126,92.
Iridium, 193,1.
Lanthane, 139,0.
Lithium, 7,00.
LUTECIUM. 174.
Magnesium. 24,32.
Manganèse, 54,93.
Mercure, 200.
Molybdène, 96.
Néodyme, 144 3.
Néon, 20.
NEOYTTERBIUM, 172.
Nickel, 58,68.
Niobium. 93,5.
Or, 197 2.
Osmium. 190,9.
Oxygène, 16,0.
Palladium, 106,7.
Phosphore, 31.
Platine, 195,0.
Plomb, 207,10.
Potassium, 39,10
Praséodyme. 140,6.
Radium, 226,4.
Rhodium, 102,9.
Rubidium, 85 45.
Ruthenium, 101.7.
Samarium, 150,4.
Scandium, 44.1.
Selenium, 79,2.
Silicium, 28,3.
Sodium, 23.
Soufre, 32,07.
Strontium, 87.62.
Tantale. 181,0.
Tellure 127,5.
Terbium, 159.2.
Thalium, 204,0.
Thorium, 232,42.
Thulium. 168,5.
Titane. 48,1,
Tungstène, 184,0.
Uranium, 238.5.
Vanadium, 51,2.
Xénon, 128,0.
YTTERBIUM, (voir Lutecium, Neoytterbium.)
Yttrium, 89,0.
Zinc, 65,37.
Zirconium, 90.6.

Errera s'est demandé pourquoi les éléments biogénétiques avaient un poids léger. Il remarque d'abord que la théorie de l'évolution nous permettant de faire dériver toutes les espèces de quelques organismes très simples, « il suffit d'envisager la genèse de ces formes primordiales et de nous demander pourquoi, parmi toutes les combinaisons possibles, celles qui ont constitué les premiers êtres étaient formées d'éléments légers. » Il lui paraît évident d'abord que les substances rares, peu répandues à la surface du globe, ne pouvaient pas servir à l'entretien de la vie. « Admettons, en effet, pour un moment, qu'un composé doué de ces propriétés complexes que nous nommons la vie se soit un jour formé par la combinaison de certains corps très rares ; un organisme ainsi constitué n'aurait été en état ni de se multiplier, ni même de continuer à vivre, parce qu'il aurait bientôt manqué d'aliments. Parmi tous les organismes théoriquement possibles, ceux-là seuls étaient vraiment viables et capables d'évolution, qui trouvaient presque partout et en grande quantité les éléments constituants de leur substance. Dans la lutte pour la production de la vie, les éléments les plus répandus devaient nécessairement l'emporter sur les éléments rares. »

Mendéléjeff a insisté, dès 1869, sur cette remarque que presque tous les corps légers, à poids atomique faible, sont communs. Il y a cependant plusieurs éléments qui ne concourent pas à la constitution du protoplasma : l'hélium (poids atomique 4), le lithium (poids atomique 7), le glucinium (poids atomique 9,1), le bore (poids atomique 11), mais ils sont extrêmement rares et leur absence sur la liste des corps simples de la matière vivante ne doit pas nous étonner. Depuis l'hydrogène à poids atomique à peu près égal à l'unité jusqu'au calcium à poids atomique égal à 40,09, il y a d'après la liste complète d'Urbain donnée dans la note de la page précédente : Al, 27;

Argon, 39,9; Cl. 35,46; Fl. 39; Mg, 24,32 : Néon, 20; P, 31; K, 39 : Na, 23; S, 32,07.

Or, tous ces éléments entrent dans les listes tirées de l'ouvrage de Massart, sauf cependant l'argon et le néon. L'argon est, il est vrai, très commun, puisqu'il existe dans la proportion d'un pour cent dans l'atmosphère, mais ses affinités chimiques sont si faibles que s'il entrait dans l'organisme, il serait en fait un poids mort, sans utilité. Le même raisonnement est d'ailleurs valable pour le néon.

Si nous tenons compte surtout des corps simples de la première colonne du tableau de Massart et surtout des quatre premiers qui sont les éléments essentiels, nous sommes frappés des chiffres qui correspondent aux poids atomiques 1,008; 12; 14,01; 16. Les atomes de la matière vivante sont d'une légèreté remarquable, ce sont les plus légers qui existent à la surface de la terre, sauf l'hélium, le lithium, le glucinium et le bore, que leur rareté amène à négliger.

Comment la légèreté de ces atomes peut-elle rendre ces quatre éléments si précieux pour toutes les manifestations vitales? C'est que la légèreté de ces corps simples entraîne une propriété capitale des composés résultant des combinaisons qu'ils peuvent réaliser entre eux : elle est liée à leur solubilité. Les composés d'atomes lourds sont insolubles ou peu solubles, ils sont donc peu mobiles; ils pénètrent difficilement dans les cellules. L'absorption des aliments légers s'opère aisément; l'élimination des déchets légers qui dérivent de la nutrition précédente se fait avec la plus grande facilité. Tout cela a été capital à l'origine des temps, quand la vie a fait sa première apparition à la surface du globe et toutes ces propriétés gardent leur importance primitive, depuis cette époque lointaine, pour l'entretien et la continuation de la vie.

Il découle de la légèreté des atomes un autre fait très important au point de vue de la circulation de la chaleur. On sait que le calorique est en connexion intime avec la question de la vie. La légèreté des atomes biogénétiques est liée à la loi de Dulong et Petit d'après laquelle la chaleur spécifique est en raison inverse de leurs poids atomiques. La chaleur spécifique des dissolutions est en connexion avec celle du dissolvant et aussi avec celle du corps dissous (Marignac); enfin la chaleur des corps composés est en relation avec celle des composants (Regnault, Kopp). En combinant toutes ces lois, on peut dire que « la chaleur spécifique est d'autant plus grande que le poids atomique moyen (1) est plus petit. » (Errera.)

Comparons les chaleurs spécifiques de quelques substances :

Substances organiques.		Substances minérales.	
Bois de sapin	0,654	Quartz.	0,1883
Sucre de canne. . . .	0,301	Spath calcaire.	0,2046
Alcool.	0,5987	Feldspath.	0,1911

De ce tableau il découle qu'à poids égal, les substances formées d'atomes légers changent plus difficilement de température que celles qui sont formées d'atomes lourds. Il en résulte pour les êtres vivants deux conséquences :

1° D'abord les changements de température sont lents chez eux; la température extérieure peut varier entre des limites assez étendues sans compromettre la vie. Ils absorbent un plus grand nombre de calories pour s'échauffer, en perdent un plus grand nombre pour se refroidir. Lorsqu'une température défavorable s'établit et dure, l'animal ou la plante en ressentent tardivement les effets, ils ont le temps de trouver un abri ou de suspendre leurs fonctions par le repos

(1) Si un composé est formé de n atomes de poids atomique A, n' de poids A', n'' de A'', le poids atomique moyen est $\frac{nA + n'A' + n''A''}{n + n' + n''}$.

hivernal. La vie n'est active qu'entre des limites restreintes, bien plus étroites que les variations thermiques météorologiques.

2° En second lieu, à une température donnée, ils renferment une plus grande provision de chaleur. Les corps formés d'atomes légers ont donc, à poids égal et à même température, plus d'énergie en réserve que les autres substances. On peut donc dire qu'à conditions égales, ils renferment un maximum de force en puissance dans un minimum de masse ; il est incontestable que ce sont là des propriétés avantageuses. Errera ajoute : « Ces remarques paraissent avoir d'autant plus de valeur au point de vue dynamique » que les êtres vivants, « avec leurs réactions démesurées vis-à-vis des excitants ne sont pas autre chose que des corps explosibles ». Errera remarque, en outre, que la chaleur communiquée à une molécule sert à augmenter les mouvements réciproques des atomes qui la composent; si le nombre des atomes est grand, la chaleur qui devient latente pour ce travail de dislocation moléculaire doit être considérable. Aussi conclut-il, « l'accumulation d'un grand nombre d'atomes légers, dans une molécule, amène probablement ce résultat remarquable que la chaleur absorbée disloque beaucoup de molécules et les échauffe peu. »

Ainsi de la légèreté des atomes, il découle des propriétés qui paraissent fondamentales et qui ont dû jouer un rôle capital à l'origine des temps, lorsque la matière inerte s'est agrégée pour former la matière vivante. Les atomes crochus qui flottaient au hasard à la surface du globe ont fini par s'associer après des milliers de vains rapprochements éphémères.

Grâce à la légèreté, à la mobilité et à la solubilité des éléments qui venaient de se souder, la matière vivante ainsi concrétée a pu s'accroître, se nourrir, attirer à elle des éléments de faibles poids dont la pénétration était rendue facile. Une fois l'incorporation réalisée, grâce aux propriétés calorifiques, une réserve d'énergie a pu entrer en jeu et le phénomène d'assimilation a été rendu possible : c'est-à-dire que le corps introduit a pu être disloqué, transformé en matière vivante et le surplus, inutilisé, rejeté au dehors sous forme d'excreta. L'expulsion était rendue aisée par les mêmes propriétés qui facilitaient l'introduction de l'aliment.

Ici une objection se dresse devant nous. Si la solubilité explique la pénétration de l'aliment et la sortie de l'excreta, ne devra-t-elle pas s'appliquer à la matière vivante elle-même qui vient de se créer dans le corps animé? S'il en est ainsi cette création va être très éphémère, le protoplasma qui vient d'apparaître va se dissoudre, s'échapper hors de la cellule dont la genèse laissait entrevoir de si grandes conséquences. L'étincelle vitale qui commençait à briller dans la nuit du monde minéral allait fatalement s'éteindre à tout jamais. Ceci nous apprend donc que la genèse de la molécule végétale ou animale ne consiste pas seulement dans ce rapprochement d'atomes légers dû à l'action du hasard ; il fallait quelque chose de plus.

Herbert Spencer, à ce sujet, remarque judicieusement que c'est « l'union des éléments extrêmement mobiles en des composés d'une complexité extrême, ayant des molécules relativement vastes » qui contribue à donner à la nature vivante l'inertie nécessaire qui rend cette substance « comparativement immobile ». Grâce à cette particularité les composants du tissu vivant ont une fixité qui les empêche d'être éliminés par la diffusion en même temps que les produits de rebut que la décomposition du tissu engendre ». Cette propriété fondamentale du protoplasma est due au rôle prépondérant qu'y joue le carbone. Si les trois gaz, oxygène, hydrogène et azote allègent la matière vivante, le carbone, au contraire, contribue à l'alourdir. Le charbon est, de tous les éléments biogénétiques, celui qui forme la partie prépondérante et caractéristique de la matière sèche des êtres vivants. Il constitue la charpente de leurs molécules. Wurz, dans sa *Chimie moderne*, insiste sur la faculté que possèdent les atomes de ce corps de « s'accumuler dans une seule et même molécule, de se souder en quelque sorte les uns aux autres ». Doué de peu d'affinités pour les autres éléments, le carbone présente, au contraire, de l'affinité pour lui-même. Il s'agrège en molécules volumineuses qui portent des chaînes latérales, sans cesse renouvelées, accrochées à un noyau invariable ; ces propriétés très remarquables sont liées, comme on sait, à la quadrivalence du carbone qui est une propriété capitale. La position du carbone dans les chaînes latérales montre qu'il s'unit aux éléments électro-positifs, et il est lui-même électro-négatif. Le noyau carboné peut porter, en même temps, des groupes oxydants et réducteurs, des groupes basiques et acides, ce qui donne à ses molécules une puissance considérable, comme transporteurs d'énergie.

Arrêtons-nous un instant pour bien saisir les conséquences de tout ce qui précède. Le hasard des rencontres d'atomes disséminés sur la terre en voie d'enfantement a amené, un certain jour, dans la lointaine histoire du globe, un rapprochement de quatre éléments légers, tellement que trois d'entre eux sont des gaz, fluides, mobiles au suprême degré par conséquent ; l'adjonction du carbone aux trois corps simples gazeux a eu des suites capitales. En se soudant à l'oxygène le gaz carbonique s'est constitué gardant encore la fluidité primitive ; l'hydrogène et l'oxygène en s'ajustant ont formé l'eau dont les deux états, liquide et vapeur, révèlent encore l'extrême mobilité ; ils ont formé le substratum nécessaire de la substance vivante. L'apparition de tels corps n'a rien de surprenant étant donné l'ubiquité universelle des éléments C, H, O que nous retrouvons partout dans la mer, dans les fleuves, dans l'air. Une autre combinaison a dû se réaliser aisément, c'est celle de l'acide azotique, par captation de l'azote de l'air et par fixation de roches, on entrevoit la genèse des azotates. Dès que ces premières synthèses ont été réalisées, la genèse de la vie, la création est devenue possible. Grâce à l'énergie solaire, le premier globule de la matière vivante verte a pu se constituer puisqu'il lui suffit pour agir d'une radiation empruntée au soleil et la présence du gaz carbonique, d'eau et d'azote, car avec cela le protoplasma chlorophyllien peut se suffire à lui-même. Il fallait la réalisation de cette combinaison pour permettre la soudure du carbone et de l'eau, c'est-à-dire la constitution des hydrates de carbone. On sait que la synthèse du sucre découle de la rencontre de trois choses : le rayon solaire, le gaz carbonique, le leucite chlorophyllien. Une fois constitué, grâce aux azotates (venant des racines) d'une part et aux hydrates de carbone (formés dans la feuille) de l'autre, le globule vert peut s'accroître, se nourrir, se multiplier car il se régénère lui-même. La vie est donc possible à l'aide de ces quatre éléments : rayon lumineux, gaz carbonique, azotate et grain de protoplasma vert.

Les trois premiers éléments existent partout dans la nature ; le protoplasma vert est une combinaison heureuse de C,H,O,Az, P, et Mg. Comment cette rencontre a-t-elle pu se produire? C'est ce que nous ignorons. Ce que nous entrevoyons avec une clarté chaque jour grandissante, c'est qu'une fois cette synthèse produite, tout a été déclanché. Le globule vert s'est régénéré lui-même identiquement semblable pendant des millions d'années, puis, peu à peu il s'est très légèrement modifié, il s'est décoloré et a engendré les saprophytes, les parasites, les animaux. Ces derniers, une fois constitués, n'ont pu subsister que grâce à ces globules chlorophylliens primitifs dont ils firent leur aliment. La vie animale n'est pas possible sans la vie végétale, donc cette dernière doit être primitive. Les animaux carnassiers vivent aux dépens des animaux herbivores; ceux-ci ne peuvent vivre sans l'herbe des prairies.

Toutes ces remarques conduisent à cette conclusion que la vie a dû débuter par l'apparition du grain chlorophyllien (1). Une fois qu'il a été formé, tout a dû en découler nécessairement et il semble, résultat inattendu, qu'il ne s'est formé qu'une fois, à l'origine des temps algonkiens; depuis cette époque, tout a dû dériver de ce globule vert primitif. Il peut paraître étrange d'arriver à une telle conséquence qui tend à confirmer d'une manière si singulière la conception biblique, mais nulle part sur le globe, soit à l'heure présente, soit en fouillant dans les couches de la Terre depuis l'époque silurienne, on n'entrevoit aucune trace de plusieurs créations (2). Tous les êtres vivants s'enchaînent en une seule et gigantesque lignée. Cuvier, il est vrai, admettait plusieurs types d'organisation pour les animaux et il s'est élevé contre les conceptions qui ne voulaient voir qu'un plan dans le règne animal. Il paraît bien

(1) M. Osborn (voir chap. I) a formulé une autre hypothèse. Pour lui la vie a dû se manifester par des Bactéries qui étaient comparables aux Bactéries de la nitrification, qui peuvent vivre aux dépens de matière inorganique et qui fixent l'azote aux dépens de composés ammoniacaux qui auraient pris naissance dans les phénomènes volcaniques primitifs. C'est seulement plus tard que les Algues à chlorophylle auraient pris naissance. Il invoque en faveur de cette hypothèse, la découverte de Bactéries de l'Algonkien (1915, voir chap. I). Une objection se dresse de suite car ces Bactéries primitives ont été *trouvées dans des Algues*. Rien ne prouve donc que l'Algue soit postérieure; il semble nécessaire d'admettre que le parasite est postérieur à son hôte. Les Bactéries ont évidemment une structure cytologique qui paraît très dégradée, mais n'est-elle pas produite par le parasitisme. Si, comme l'admettait Van Tieghem, les Bactériacées sont des Cyanophycées incolores, il y a tout lieu de penser que c'est le parasitisme qui leur a fait perdre la chlorophylle.

(2) A moins d'imaginer que ces créations successives ont toujours engendré la même chose.

à l'heure actuelle, que c'est cette dernière hypothèse qui est vraie. En tout cas, nous pouvons dire que s'il y a eu plusieurs créations ou plusieurs générations spontanées (ces expressions sont équivalentes scientifiquement), c'est avant ou pendant la période algonkienne, car au Cambrien tous les embranchements d'animaux sont déjà constitués. Les Vertébrés n'apparaissent pas encore mais ils vont rapidement se montrer et dès le Trias et dès le Permien les Mammifères sont déjà ébauchés.

La vie animale et la vie végétale découlent, d'après ce que nous venons de dire, des propriétés merveilleuses du carbone, c'est grâce à lui que tous les composés complexes dont se compose la machine vivante ont pu se constituer, se modifier légèrement à l'infini et engendrer les deux immenses armées des plantes et des animaux.

Il y a un autre corps simple, le silicium, qui a certaines propriétés communes avec le carbone, qui est, dans la classification de Mendéléjeff, l'homologue du carbone mais immédiatement inférieur. Il est sur la troisième ligne, au lieu d'être sur la seconde, son poids atomique est 28 au lieu de 12; comme le carbone, le silicium est quadrivalent, « comme lui, dit Errera, il n'a guère d'affinité énergique que pour l'oxygène, au point que le silice compte avec l'anhydride carbonique parmi les corps les plus difficiles à décomposer; comme le carbone, le silicium peut s'accumuler dans les molécules et former des agrégats très complexes; après le carbone, c'est le corps dont les composés sont les plus nombreux et les plus variés; *en un mot, le silicium est le carbone du monde inorganique.* »

Telles sont les données que nous possédons relativement aux origines et sur les raisons qui ont pu provoquer, dans le cours des âges, l'apparition de la vie à la surface du globe. Il faut reconnaître qu'il y a loin de ces conceptions à une réalisation expérimentale quelconque de la génèse. Elles n'en ont pas moins un véritable intérêt.

Comment ne s'est-il pas constitué une autre génération spontanée d'êtres dérivant du silicium? C'est ce que nous ne savons pas. Il est certain qu'il faut pour constituer les composés où intervient le silicium à la place du carbone des conditions de température incompatibles avec la fluidité, la mobilité de la vie. Les éléments auxquels s'associe le silicium sont lourds, donc insolubles. Preyer a formulé, il est vrai, une hypothèse étrange que rien d'ailleurs ne permet de contrôler, c'est celle des *pyrozoaires :* ces êtres fantastiques de flamme et de feu qui auraient représenté la matière vivante lorsque la terre était à l'état de fusion. Nous n'insisterons pas sur cette hypothèse, elle est cependant curieuse et, pour ce savant, les roches qui constituent notre sol seraient les cadavres d'êtres gigantesques qui auraient rempli le globe dans la période ignée primitive.

BIBLIOGRAPHIE

ERRERA. — Pourquoi les éléments de la matière vivante ont-ils des poids atomiques peu élevés. (*Malpighia* I, fasc. I, 1886-1887. *Recueil de l'Institut bot. Léo-Errera* t. IV, p. 47). — Essais de philosophie botaniqne. A propos de la génération spontanée (*Idem*, IV, 63 et *Revue de l'Université de Bruxelles*, t. V, 1899-1901).

MASSART. — Elém. de Biol. générale et de Bot. p. 5 (1920).

MENDELEJEFF. — (*Zeitschrift. f Chemie*, N F. 1869, V, p. 405). Voir aussi LOTHAR.

MEYER. — Theorie d. Chemie, 4e édit, p. 185.

PREYER. — Hypothesen über den Ursprung des Lebens (*Deutsche Rundschau*, 1875, avril.) Elem. der Allgemeinen Physiologie, 1883.

SPENCER (Herbert). — On alleged « spontaneous general tion » and on the hypothesis of physiological units (vol. I. *Principles of Biology*, 1884), (trad. franç. p. 22).

SUSTINI. — Gazzetta chimica, t. XV, p. 107

WURZ. — Chimie moderne, 1867-1868, p. 362, 382.

CHAPITRE IV

LE MYSTÈRE CLOROPHYLLIEN

Les saprophytes, c'est-à-dire les végétaux incolores qui se nourrissent aux dépens de la matière organique, ne peuvent pas être envisagés comme constituant les formes primitives de la vie apparue sur le globe à la période algonkienne (1) : ils ont besoin pour vivre de matériaux qui dérivent de la décomposition d'êtres vivants préexistants. Il semble bien que ce sont eux qui sont la souche des parasites d'une part, des animaux de l'autre. Nous voyons fréquemment des saprophytes devenir parasites, même expérimentalement (2). D'ailleurs, il va de soi que les parasites

(1) Voir ce qui a été dit plus haut (p. 37) sur l'hypothèse de M. Osborn de l'origine primitive bactérienne de la vie.

(2) L'expérience de Massee sur le *Trichothecium candidum* est tout à fait probante ; ce Champignon est normalement saprophyte. Il a été rendu parasite en injectant à un *Begonia Kewensis* à l'aide d'une seringue de Pravaz, une dissolution de sucre. Grâce au chimiotactisme, le Champignon pénètre dans le corps du *Begonia* et en ressort pour fructifier. Les spores en sont recueillies, inoculées à un autre *Begonia* neuf, également injecté de sucre. En répétant pendant quatorze générations ces opérations, à la quinzième on s'aperçoit que le *Trichothecium* est devenu expérimentalement parasite : il pénètre spontanément dans un *Begonia* indemne sans qu'il soit nécessaire de recourir à l'injection sucrée.

ne peuvent être primitifs, puisqu'ils ont besoin d'un hôte pour vivre. Il en est de même des animaux soit carnivores soit herbivores, qui sont, en somme, physiologiquement parasites, soit d'autres animaux, soit de plantes. Tout s'accorde donc à attribuer à la vie végétale un caractère primordial.

Ernest Haeckel a noté combien le texte de la Genèse est remarquable, au point de vue de la succession des phénomènes, lors des premiers jours de la Terre. « D'après la Genèse, dit-il, dans son *Histoire de la Création naturelle*, le Seigneur Dieu forme d'abord la Terre, en tant que corps anorganique. Ensuite, il sépare la lumière des ténèbres, puis les eaux et la terre ferme. Voilà la terre habitable pour les êtres organisés. Dieu forme alors *en premier lieu les plantes*, plus tard les animaux. »

Ainsi donc, ce qui est antérieur au globule vert primitif, c'est le rayon lumineux : « la Terre était sans forme et vide, et les ténèbres étaient sur la face de l'abîme. Et Dieu dit : Que la lumière soit; et la lumière fut. »

C'est le rayon lumineux qui agit sur la Terre humide qui « pousse son jet, savoir de l'herbe portant semence, et des arbres fruitiers portant du fruit selon leur espèce. » (Deuteronome.) Le végétal est un « rayon de lumière condensée. »

Nous ignorerons probablement toujours comment cette genèse a eu lieu, il nous faut cependant, pour tâcher d'apprécier l'amplitude du phénomène créateur, essayer plus modestement de découvrir le rôle que joue la lumière dans le grain chlorophyllien. C'est là un problème très difficile ; nous allons l'exposer d'après les résultats les plus récents de la science.

On commence à posséder un ensemble de données très intéressantes sur la constitution de ce pigment si remarquable. Pendant une certaine période (Armand Gautier, Etard), on a cru qu'il y avait d'innombrables chlorophylles, les recherches approfondies de M. Willstätter et de ses élèves ont conduit à une autre conclusion. Il y aurait seulement deux chorophylles *a* et *b* que l'on retrouve partout dans les groupes les plus divers de plantes ayant les formules suivantes :

a $(C^{32}H^{30}OAz^4Mg)$ (CO^2CH^3) $(CO^2C^{20}H^{39})$ chlorophylle bleue-vert ;

b $(C^{32}H^{28}O^2Az^4Mg)$ (CO^2CH^3) $(CO^2C^{20}H^{39})$ chlorophylle jaune-vert (1).

On y entrevoit la présence de deux carboxyles, l'un lié à l'alcool méthylique, l'autre lié au phytol. Ce dernier est un composé alcoolique qui a pu être extrait de la phaeophytine (2) et qui se forme aussi dans la préparation de la chlorophylle cristallisée. Ce phytol $C^{20}H^{40}O$ a été retrouvé dans un grand nombre de plantes (200 espèces) et sa proportion est de 33 pour cent dans le phaeophytine.

M. Willstätter a trouvé pour la chlorophylle cristallisée deux formules encore analogues à celles des deux chlorophylles *a* et *b* (3) ; elles dérivent de l'action d'une diastase (chlorophyllase ou estérase) par le traitement suivant : un extrait de la substance des feuilles (1 gramme de chlorophylle) dans 200 cc d'alcool à 90 p. 100 est secoué avec 15 grammes de chlorophyllase pendant 66 heures à la température de la chambre. Le phytol est libéré et remplacé par l'alcool éthylique, le carboxyle lié à C^2H^5 se cons-

(1) M. Willstätter écrit d'une manière différente la première formule $(C^{31}H^{29}Az^3Mg)$ (COAzH.) $(COOCH^3)$ $(COOC^{20}H^{39})$ et il la considère comme contenant trois carboxyles : 1° l'un lié à un noyau lactamique ; 2° le deuxième lié à l'alcool méthylique ; 3° le dernier étant lié au phytol.

(2) M. Willstätter a donné deux formules de la phaeophytine a et b : pour a $(C^{32}H^{32}OAz^4)$ $(COOCH^3)$ $(COOC^{20}H^{39})$, pour b $(C^{32}H^{30}O^2Az^4)$ $(COOCH^3)$ $(COOC^{20}H^{89})$. On voit donc que ces deux formules sont analogues à celles des chlorophylles, mais le magnésium n'y existe plus.

(3) Ces formules sont : ethylchlorophyllide a $(C^{32}H^{30}OAz^4Mg)$ $(COOCH^3)$ $(COOC^2H^5)$ ethylchlorophyllide b $(C^{32}H^{28}O^2Az^4Mg)$ $(COOCH^3)$ $(COOC^2H^5)$.

titue. La chaleur de l'ébullition pendant 5 minutes détruit la chlorophyllase.

Nous n'avons pas l'intention de suivre M. Willstätter dans l'étude de tous les produits de décomposition de la chlorophylle sous l'influence des acides ou des alcalis. Ce qu'il y a surtout à retenir de cette longue et difficile étude, c'est que sous l'influence des alcalis le noyau qui forme le complexe magnésien est respecté, tandis qu'il est détruit par l'action des acides ; malgré cette disparition de Mg, la charpente générale des composés se trouve conservée dans les grandes lignes. Il découle enfin de cette investigation que la chlorophylle (*a* aussi bien que *b*) est un ester du phytol. Les esters dérivent des acides par la substitution d'un radical alcoolique à l'hydrogène qu'ils contiennent, tout comme les sels en découlent par substitution d'un métal à ce même atome d'hydrogène. Les acides monobasiques ne donnent qu'une seule catégorie d'esters ; les sels bibasiques en donnent deux séries. Tous les esters se scindent en leurs composants sous l'action des acides et des alcalis à l'ébullition (Bernthsen).

Une propriété des plus intéressantes de la chlorophylle est celle de donner comme produit de sa dislocation du pyrrol. D'après M. Nencki d'une part et MM. Willstätter et Asahina de l'autre, ainsi que d'après d'autres auteurs, par réduction du pigment vert on obtient de l'hémopyrrol, substance en réalité formée de trois composés qui sont des produits de trisubstitution du pyrrol (hémopyrrol, isohémopyrrol, phyllopyrrol). Or on sait, notamment par les recherches de MM. Nencki et Marchlewski, qu'en partant des composés du sang, l'hématoporphyrine par exemple, on a par réduction (par HI et PH^3I) de l'hémophyrrol. Il y a donc une analogie extrêmement curieuse et intéressante entre le sang et la chlorophylle (1). La

(1) MM. Pollacci (Gino) et Oddo (Bernardo) ont étudié l'influence du noyau pyrrolique sur la formation de la chlorophylle. L'expérience a été faite avec un sel de magnésium de

formule de l'hémine est d'ailleurs du même type que celles que nous donnions plus haut, elle est, selon M. Willsttäter, $C^{33}H^{32}O^4Az^4FeCL$: on voit apparaître le fer ici qui manque à la chlorophylle, cette dernière possédant par contre du magnésium jouant un rôle catalytique dans la fixation du gaz carbonique.

Puisque nous mentionnons le rôle de ces métaux dans ces pigments si importants des plantes et des animaux, nous ne pouvons omettre d'indiquer qu'on a obtenu une zinkchlorophylle (Marchlewski), qui se comporte vis-à-vis des alcalis comme la chlorophylle naturelle (Melarski et Marchlewski).

Une autre substance dérivée de la chlorophylle est l'*étiophylline*, qui a pour formule $C^{31}H^{34}Az^4Mg$ (Willstätter et Fischer); elle ne contient aucun atome d'oxygène; le magnésium est inégalement lié aux quatre atomes d'azote (1).

Le magnésium peut être déplacé par le zinc, le cuivre, le fer. On obtient des complexes qui sont d'une extraordinaire fixité vis-à-vis des acides forts. Ces métaux sont facilement incorporés par les composés sans métal dérivés de la chlorophylle (phaeophorbide, phaeophytine, phytochlorine, porphyrine), notamment par l'action de l'acétate métallique sur la solution alcoolique. Pour l'introduction du magnésium, des méthodes spéciales ont été préconisées (Willstätter et Forsen) pour la reconstitution du groupe complexe de la chlorophylle (2).

l'acide α pyrrol-carbonique; le Maïs est la plante sur laquelle l'essai a été fait : la matière verte a pu se former.

(1) On obtient cette substance par action de la chaux sodée sur la rhodophylline ($C^{31}H^{32}Az^4Mg$) $(COOH)^2$. En faisant agir cette même chaux sodée sur la rhodoporphyrine ($C^{31}H^{34}Az^4$) $(COOH)^2$ ou a l'étioporphyrine ($C^{31}H^{36}Az^4$). Or la rhodoporphyrine des plantes est identique à l'hemoporphyrine ($C^{33}H^{36}O^4Az^4$) dérivée du sang.

(2) D'abord milieu fortement alcalin, lessive potassique concentrée d'alcool méthylique et oxyde de magnésium (non pour formation de chlorophylle elle-même). Puis méthode de Gri-

L'analogie de la matière colorante du sang et du pigment vert des plantes(1), que nous venons de signaler s'accuse encore quand on envisage leur façon de se comporter vis-à-vis du gaz carbonique. L'acide carbonique n'est absorbé ni par la solution éthérée de chlorophylle, ni par la solution alcoolique ; au contraire par la solution colloïdale de la matière verte dans l'eau, il y a production de carbonate de magnésium et de phaeophytine :

$$\underbrace{C^{55}H^{72}O^{5}Az^{4}Mg}_{\text{chlorophylle a}} + CO^{2} + H^{2}O = MgCO^{3} + \underbrace{C^{55}H^{74}O^{5}Az^{4}}_{\text{phaeophytine}}.$$

Avec la chlorophylle *b*, le phénomène analogue n'est que partiel.

La donnée précédente amène à envisager les diverses théories qui ont été imaginées pour expliquer la propriété fondamentale de la chlorophylle qui est de décomposer le gaz carbonique de l'air à l'aide de la lumière. Dès 1870, Baeyer émettait l'opinion que dans l'assimilation chlorophyllienne il y a deux dislocations :

Acide carbonique, $CO^2 = CO + O$ = (oxyde de carbone plus oxygène)

eau $H^2O = H^2 + O$ = (hydrogène et oxygène)

l'acide carbonique hydraté $CO^3H^2 = CH^2O + O^3$ (aldéhyde formique + oxygène).

gnard, alkylmagnesium haloïde sur un composé sans Mg et séparation par le monophosphate de soude. On peut introduire le magnésium dans la phaeophytine par les composés organo-métalliques de Grignard ($MgICH^3$) et reconstituer la chlorophylle.

(1) On ignore ce que devient la chlorophylle dans le tube digestif des animaux, mais il est possible qu'elle soit dégradée en fragments pyrroliques que l'organisme utiliserait ensuite pour la synthèse de l'hémoglobine du sang.

Hope-Seyler (1881) paraît avoir émis le premier l'idée que le gaz carbonique s'unirait à la chlorophylle, conception reprise et développée par Hansen (1885), Hartley (1895) Luther et Hällström (1905).

Pour pénétrer dans la cellule végétale, l'anhydride carbonique doit traverser la membrane mouillée, condition qui faciliterait l'apparition de l'acide carbonique dissous CO^3H^2. D'après le schéma de Baeyer, le premier produit serait l'aldéhyde formique CH^2O, qui est toxique, même à faible dose. Cette substance ne peut donc qu'être éphémère ; elle se condenserait immédiatement en $6\ (CH^2O) = C^6H^{12}O^6$ ou formose ou hexose. On a réalisé de très belles recherches sur cette synthèse des matières sucrées (E. Fischer). En faisant agir sur le formaldéhyde une base faible, comme l'hydrate de calcium ou de baryum, le formose apparaît; mais c'est un sucre inactif en lumière polarisée. M. E. Fischer, par de très belles considérations sur la synthèse asymétrique, a imaginé que l'anhydride carbonique s'unirait dans la photosynthèse au pigment chlorophyllien. On sait que les corps actifs au point de vue polarimétrique se forment au contact de corps eux-mêmes actifs.

Une autre théorie a été formulée par Bach (en 1893), elle peut se résumer par les deux formules suivantes :

$$\underbrace{3\,CO^3H^2}_{\text{acide carbonique hydraté}} = \underbrace{2\,CO^4H^2}_{\text{acide percarbonique}} + \underbrace{CH^2O}_{\text{aldéhyde formique}}$$

$$\underbrace{2\,CO^4H^2}_{\text{acide percarbonique}} = \underbrace{2\,CO^2}_{\text{acide carbonique}} + \underbrace{2\,H^2O^2}_{\text{eau oxygénée}} = 2\,CO^2 + 2\,H^2O + 2O$$

L'acide percarbonique mentionné ici est hypothétique, il correspond à l'anhydride CO^3 observé par Marcellin Berthelot sous l'influence de l'étincelle électrique sur l'anhydride carbonique (CO^2) seul ou mélangé d'oxygène. Cet acide percarbonique (qui serait égal à $CO^3 + H^2O$) se décomposerait spontanément sous l'influence du protoplasma en anhydride carbonique et eau oxygénée; substance qui, en se décomposant, serait la source de dégagement d'oxygène.

L'expérience suivante due à Bach parait appuyer ces conceptions. Le passage de l'acide carbonique (humide) à travers une solution à 1,5 pour cent d'acétate d'urane, placée dans une cuve de verre transparente, détermine la formation d'un précipité jaune de peroxyde d'uranium, et la solution contient de l'aldéhyde formique. Ce résultat ne se produit que sous l'influence de la lumière. Il regarde, dans ce cas, la décomposition de CO^2 comme liée à la production d'eau oxygénée (H^2O^2) et d'aldéhyde formique.

Ce résultat a été contrôlé par MM. Usher et Priestley (il avait été nié par Euler). Ces deux auteurs ont montré, en outre, que l'on peut décomposer la solution aqueuse d'acide carbonique, sans sensibilisateur optique, sans agent réducteur, en fournissant l'énergie de deux manières : 1° en bombardant avec des rayons α et β de l'émanation du radium; 2° en exposant à la lumière émise par la lampe à mercure (ce dernier résultat confirmé par MM. D. Berthelot et Gaudechon).

En ajoutant à 200cc. d'eau distillée, saturée de 0,001cc. de radium, on obtient au bout de quatre semaines la preuve de l'existence de formaldéhyde par la méthode de Schryver (1), et par l'oxyde de tita-

(1) 10 cc. de liquide contenant le formaldéhyde, additionnés de 2cc. de solution de chlorhydrate de phénylhydrasine fraîchement faite et une solution à 5 pour cent de ferricyanure de potassium; par addition de 5cc. d'acide chlorhydrique, on a une brillante coloration rouge.

nium en dissolution dans l'acide sulfurique on met en évidence l'eau oxygénée (1).

M. Harvey Gibson (1908) tend à prouver que le formaldéhyde est actuellement produit par les plantes vertes et il a imaginé pour l'action photochimique une théorie photo-électrique. Les rayons lumineux absorbés par la chlorophylle sont transformés en énergie électrique et c'est grâce à l'intervention de cette dernière que s'effectue dans la cellule la décomposition de CO^3H^2, avec formation de formaldéhyde. Des feuilles de Capucine sont coupées en petits morceaux et secouées dans de l'eau saturée de gaz carbonique. La présence du formaldéhyde est établie par la méthode suivante : on verse dans un tube à essai 1 cc. d'acide gallique à 5 p. 100 dans l'alcool absolu, puis 3 cc. d'acide sulfurique concentré, de façon que les deux couches liquides ne se mélangent pas ; si l'on fait ensuite couler le long de la paroi du tube précédent un peu du liquide filtré résultant de l'expérience avec la Capucine, la formation d'un anneau bleu au contact des deux liquides témoigne de la présence du formaldéhyde. La quantité d'aldéhyde formée est en relation définie avec l'intensité lumineuse ; la profondeur de la teinte bleue annulaire est variable, intense à la lumière diffuse, faible ou absente à la lumière très faible ; comme Pollacci (1904), il admet que l'optimun lumineux correspond au quart de l'intensité de la lumière directe. En faisant passer un courant électrique dans l'eau distillée saturée de gaz carbonique, en se servant d'électrodes en cuivre ou en platine, on constate dans quelques cas la formation de formaldéhyde, mais pas d'une manière

(1) Kernbaum (C. R. Acad. sc. t. 148, 705, 1909 ; t. 140, 110 et 273) a constaté que par l'action sur l'eau des rayons β et de la lumière ultra-violette, il se formait H ; H^2O^2 est décomposée. Ceci amène à rappeler les hypothèses de Stoklasa sur la décomposition de CO^2 dans les plantes.

constante; avec une décharge électrique, la présence de formaldéhyde par la réaction précédente (acide gallique-acide sulfurique) fut constatée dans chaque cas. Or les recherches de Kunckel (1882) et de Haake (1892) ont montré l'existence d'un courant électrique dans les organes des plantes vertes et Klein (1898) a établi que ce courant variait d'intensité avec le degré de la luminosité. Selon M. Harvey Gibson, les courants électriques sont l'expression de la transformation des rayons absorbés par la chlorophylle. On sait que, derrière une feuille verte qui absorbe toutes les radiations actives de la lumière, une deuxième feuille n'assimile plus. [Nagamatz (1886), Griffon (1900)]; or, dans ses conditions, M. Harvey Gibson n'observe pas la formation de formaldéhyde ; dans une feuille éclairée dans les conditions précédentes, le courant électrique cesse, pour réapparaître si l'on éclaire avec le bleu violet et devient aussi intense que dans la lumière blanche, si l'on emploie la lumière rouge. Il est à peine utile de rappeler, à ce propos, quel est le spectre de la chlorophylle (2 parties absorbées : raies intenses dans le rouge orangé, raies étalées diluées dans le bleu-violet) et les expériences classiques d'Engelmann à l'aide des bactéries avides d'oxygène qui montrent, sur une Algue exposée à un microspectre, que le dégagement d'oxygène (par conséquent l'assimilation, donc la décomposition de CO^2) a lieu à l'endroit des rayons absorbés.

Le question très importante de savoir si la chlorophylle peut produire les phénomènes d'assimilation du carbone en dehors de la plante est encore discutée. M. Regnard (1880-1885) avait admis que des copeaux de bois imprégnés d'une dissolution de chlorophylle dans l'alcool sont susceptibles de dégager de l'oxygène ; ce résultat a été mis en doute par Jodin et Pringsheim. M. Friedel et M. Macchiati sont revenus sur cette question, mais de nouveaux adversaires se sont dressés (Herzog, Harroy). MM. Usher et Priestley ont imprégné de la gélatine avec un extrait éthéré de chlorophylle et ils ont recherché l'apparition du formaldéhyde après une exposition à la lumière : ils affirment qu'ils y sont parvenus ; ces pellicules chlorophylliennes leur ont servi à mettre en évidence le dégagement d'oxygène à l'aide de la méthode des Bactéries lumineuses (méthode de Beijerinck). Ils sont amenés à admettre le rôle d'une enzyme qui agit sur l'eau oxygénée. On place des *Elodea* dans une solution étendue d'eau oxygénée, le dégagement d'oxygène se produit aussi rapidement à la lumière qu'à l'obscurité. Si on tue le protoplasma par l'eau bouillante, il n'y a plus aucune action sur l'eau oxygénée. Le même résultat se constate en employant un poison comme le chlorure de mercure. Dans ces deux derniers cas, on tue le protoplasma et l'enzyme. On peut se borner à tuer le protoplasma en respectant l'enzyme, on y parvient par l'action du chloroforme : alors l'eau oxygénée est encore décomposée et l'oxygène continue à se dégager.

Cette enzyme, qui est désignée par les auteurs précédents sous le nom de catalase, n'est pas exclusivement localisée dans les grains verts, mais elle y est plus concentrée et plus active : le jus vert obtenu en pilant les feuilles fraîches dans un mortier est plus actif avec l'eau oxygénée que le jus vert filtré. On a pu préparer sous forme d'une poudre brune cette diastase, et, en solution aqueuse additionnée d'eau oxygénée, on a un dégagement d'oxygène.

Dans ces films chlorophylliens, avons-nous dit plus haut, on a pu mettre en évidence la formation de formaldéhyde. Il est vrai que l'on a objecté que la gélatine pouvait en produire (Ewart), aussi M. Schryver a-t-il cherché à lever cette objection, en n'employant que des pellicules vertes sans gélatine avec la chlorophylle seule.

Par contre M. Warner affirme notamment que la

décomposition des films chlorophylliens tient à l'influence de l'oxygène de l'air et n'est pas causée par le gaz carbonique. Ils ne produisent pas de formaldéhyde dans une atmosphère d'azote ou dans le gaz carbonique seul, sans oxygène. M. Willstätter est revenu récemment et longuement sur cette question de la formation du formaldéhyde et jamais il n'a pu en constater la présence, sauf dans quelques cas et en quantité toujours faible (en employant les chlorophylles pures).

Ces résultats négatifs enlèvent aux affirmations si catégoriques de MM. Chodat et Schweizer beaucoup de leur netteté (1915) : 1° La chlorophylle en présence du gaz carbonique produit l'aldéhyde formique dans la lumière ; 2° dans les mêmes conditions elle produit proportionnellement de l'eau oxygénée. Relativement à la preuve à fournir de la formation d'eau oxygénée, ils préconisent l'emploi d'un système péroxydase et substance oxydable (pyrogallol, émulsion de guaiac) ; ils remarquent que « la péroxydase est un réactif précieux pour suivre la marche de la photolyse de l'acide carbonique et de l'eau par la chlorophylle (in vitro) ». Selon eux, « la catalase des feuilles vertes sert à décomposer l'eau oxygénée, produit accessoire de la photolyse, au cours de laquelle l'oxygène atomique apparait. »

Malgré les objections de MM. Willstätter et Stoll se rapportant à la production du formaldéhyde, quand ces auteurs entrent dans les considérations théoriques, en vue d'éclaircir le mystère chlorophyllien, on s'aperçoit qu'ils sont ramenés, presque par une force invincible, vers les conceptions ordinaires. Ils y ajoutent, il est vrai, des complications nouvelles. Selon eux, il y a d'abord union de la chlorophylle et du gaz carbonique; puis, sous l'influence d'un deuxième facteur interne, de nature enzymatique, il y a une dislocation du composé chlorophylle + CO^2, formation d'un produit intermédiaire, avec dégagement d'oxygène. Ils envisagent deux hypothèses : soit la constitution de l'acide performique (formyl hydroperoxyde) $C \begin{smallmatrix} / H \\ = O \\ \backslash O - OH \end{smallmatrix}$, soit du formaldéhyde — peroxyde $\begin{smallmatrix} H \\ / \\ C - OH. \\ | \diagdown \\ O - O \end{smallmatrix}$

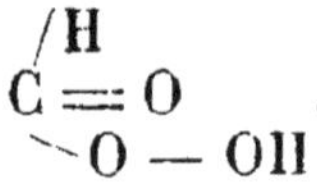

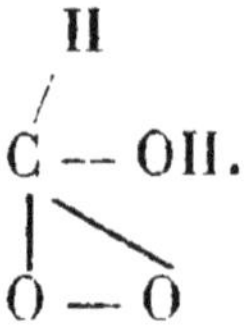

Ce dernier composé serait d'ailleurs lié à la chlorophylle.

Le problème chlorophyllien peut d'ailleurs être envisagé d'un point de vue tout à fait nouveau, d'après les recherches de M. Moore (1914). Dès 1913, en collaboration avec M. Webster, ils avaient établi que les suspensions colloïdales de sels où d'oxyde de fer, en présence du gaz carbonique dissous et avec l'énergie supplémentaire du soleil, possèdent la propriété de faire la syntèse du formaldéhyde. Selon M. Moore, il y a lieu d'envisager cette réaction comme un des premiers stades de la synthèse de la substance vivante des plantes comme des animaux : elle a dû se passer dans les périodes primitives de la terre, notamment à l'Algonkien, sur une aire immense. La vie lui paraît découler du développement continu de substances organiques de plus en plus complexes à partir de ce simple commencement. Les hydrates de carbone les plus hautement organisés requièrent pour leur synthèse à peine plus d'énergie chimique que le formaldéhyde. Les hydrates de carbone subissent des oxydations, des réductions, des transformations qui conduisent aux corps gras, puis à des composés de plus en plus complexes, et cela sans source d'énergie externe. Si les matériaux disponibles sont plus simples et plus primitifs, l'eau et le gaz carbonique, l'énergie solaire est indispensable. Nous retrouvons donc ici la conception exposée dans un chapitre précédent, que le chloroplaste, qui sait utiliser l'énergie solaire et transformer en matière vivante les éléments les plus simples, doit être une des formes les plus primitives de la vie. Cependant, d'après M. Moore, la chlorophylle n'est pour rien, au moins directement, dans la synthèse du formaldéhyde. Il objecte aux expériences faites par MM. Usher et Priestley (1906 à 1911), par M. Shryver (1910) à l'aide de pellicules chlorophylliennes, que l'apparition du formaldéhyde de leurs essais peut être due à la gélatine et surtout aux colloïdes qui contiennent du fer, car il y en a non dans la chlorophylle elle-même (qui ne contient que du magnésium), mais dans la partie incolore du grain chlorophyllien. Le quart du fer des feuilles vertes est enlevé par l'extrait alcoolique de chlorophylle. Il en reste même dans la solution éthérée de chlorophylle de M. Schryver, mais la quantité éliminée est moindre, c'est pour cela que les quantités de formaldéhyde formées avec les pellicules de chlorophylle sont si faibles, comparées à celles qui se forment dans la synthèse de la feuille vivante. M. Mazé (en 1915) faisait remarquer qu'il serait téméraire d'attribuer à la chlorophylle une action immédiate sur les transformations chimiques qui président à l'assimilation du carbone : la chlorophylle a peut-être un rôle purement physique, celui d'un écran, comme l'avait déjà suggéré Pringsheim et aussi Pantanelli (1903). Le stroma incolore du grain serait surtout actif. Lorsqu'une feuille est étiolée et qu'on la transporte à la lumière, la chlorophylle apparait comme un premier produit de la photosynthèse ; évidemment, dans ce cas, ce qui est actif c'est ce qui est antérieur. Cette première période de verdissement est trop courte pour permettre d'y révéler la production d'oxygène, elle se confond avec celle où la chlorophylle est formée ; mais il y a des cas où le dégagement d'oxygène peut avoir lieu avec une plante sans chlorophylle qui n'a que des chromatophores jaunes, cela résulte notamment des expériences d'Engelmann (1881, 1887) sur les variétés jaunes de Sureau. Ces données un peu révolutionnaires ont été confirmées sur des feuilles jaunes en bonne santé par MM. Tamnes, Josopait Kohl, Czapek.

Bien que MM. Willstätter et Stoll ne soient nullement disposés à accepter de pareilles conceptions, ils reconnaissent que des feuilles étiolées qui verdissent ne montrent pas, contrairement à ce qu'avait avancé Irving (1910), une faible énergie assimilatrice mais, au contraire, tout de suite, une puissance de fixation du carbone qui ne semble pas en rapport avec la quantité de pigment vert. Ils remarquent également (p. 139) qu'on a déjà souvent trouvé qu'une feuille avec faible contenu en chlorophylle (*aurea*) produit plus d'hydrates de carbone qu'une feuille avec un gros contenu de pigment vert. Le tableau suivant (n° 63) tiré de l'ouvrage de MM. Willstätter et Stoll (p. 159) est tout à fait suggestif :

ASSIMILATION DE SURFACES FOLIAIRES ÉGALES

Température.	CO^2 (mg) par heure pour 100 c. carrés.	
	Orme jaune (contenu chlorophyllien 0'3 mg).	Orme vert (contenu chlorophyllien 3,1 mg).
15°	18	14
20°	22	17
25°	23	21
30°	23	21

Pour les feuilles jaunes, il y a une plus grande dépendance de l'assimilation de l'éclairement ; pour les feuilles vertes, une plus grande dépendance de la température. Malgré ces résultats assez frappants, les auteurs insistent sur ce point que rien ne paraît indiquer pour le pigment jaune une fonction assimilatrice.

Il faut reconnaître que la théorie de M. Moore

explique tout un ensemble de faits qui pouvaient jusqu'ici paraître singuliers. On sait, depuis Eusèbe Gris (1844-1847) puis Arthur Gris (1863) et Rassiguier (1892), que la chlorose, cette maladie du jaunissement des feuilles est guérie, partiellement du moins, en déposant aux pieds des ceps des Vignes chlorotiques, des doses massives de sulfate de fer (500 grammes par souche). A la fin d'octobre, on badigeonne la souche entière et les plaies de taille avec des chiffons imbibés de la même substance. Enfin, en cours de végétation, on pulvérise du sulfate de fer à la dose de 1 gr. 5 à 2 gr. 5 par litre. Grâce à ce traitement, la vigne jaune reverdit, et la chlorophylle se reforme. Cependant ce résultat paraît extraordinaire, puisque la chlorophylle ne contient pas de fer. Mais il n'en est pas de même du substratum incolore du grain. M. Moore a établi avec netteté, par l'étude microchimique des leucites (à l'aide de l'hematoxyline de Mac-Calum, en particulier), qu'ils sont au contraire très riches en fer.

M. Mazé, dans des recherches récentes (1912 à janvier 1921) a abordé le problème de l'assimilation à un point de vue nouveau. Pour saisir sur le vif le travail chimique compliqué qui s'opère dans la feuille verte vivante, il la distille, sans adjonction d'eau, sous pression réduite à 60°. Le liquide est recueilli dans un récipient plongeant dans la glace fondante et muni d'un réfrigérant, en vue de prévenir l'entraînement de toute trace de substance volatile. Un grand nombre d'espèces végétales ont été ainsi traitées, jamais l'aldéhyde formique n'a été observé : d'autres aldéhydes ont été, par contre, parfois obtenus [aldéhyde acétique, aldéhyde lactique (Peuplier), aldéhyde glycolique (Sureau) (1), etc.], notamment aussi très souvent de l'acide nitreux, de l'acide

(1) Curtius et Franzen (1912) avaient trouvé d'autres aldéhydes, en particulier butylaldéhyde, valéraldéhyde et surtout α et β hexylaldéhyde.

cyanhydrique (1) et enfin surtout l'acétylméthylcarbinol. Personne antérieurement n'avait signalé ce dernier corps dont la formule est $CH^3 - CHOH - CO - CH^3$; un réactif très sensible permet d'en déceler la présence, il forme de l'iodoforme à froid et instantanément en présence de quelques gouttes de lessive de soude et une paillette d'iode; il donne du diacétyle ($CH^3 - CO - CO - CH^3$) à 100° par oxydation au moyen du chlorure ferrique. Or ce diacétyle peut être nettement caractérisé; en milieu ammoniacal, en présence d'un sel de nickel, l'hydroxylamine se combine rapidement avec le diacétyle, même en solution diluée, avec formation de nickel diméthyl glyoximine, superbe précipité rouge, formé de fines aiguilles insolubles dans l'eau.

M. Mazé a constaté que la formation de l'acétylméthylcarbinol, des aldéhydes glycolique et lactique est étroitement liée à l'assimilation du gaz carbonique. Les feuilles de Maïs et de Haricot sont privées d'acéthylméthylcarbinol le matin, elles en renferment des quantités croissantes du matin au soir les jours ensoleillés, et elles en sont dépourvues les jours pluvieux et froids. Or ce dernier corps est un produit de la digestion des sucres, fréquent dans les fermentations microbiennes pouvant évoluer vers la synthèse des sucres, vers celle des matières grasses, des matières azotées, des noyaux aromatiques.

Selon M. Mazé, l'hydroxylamine (qui n'a pas été observée jusqu'ici dans la plante vivante) doit figurer dans la double série de phénomènes d'oxydation et réduction qui conduisent de

$$\text{Az O}^3\text{ H} \longrightarrow \text{Az O}^2\text{ H} \;\underset{\longleftarrow}{\longrightarrow}\; \underset{\text{hydroxylamine}}{\text{Az H}^2\text{OH}} \;\underset{\longrightarrow}{\longleftarrow}\; \text{Az H}^3.$$

L'hydroxylamine agirait comme base et fixerait

(1) Les recherches de Treub sur la présence de ce produit lié à l'assimilation sont d'ailleurs classiques.

CO^2 soit CO^3H^2 : CO^2AzH^2OH ou $CO^3H^2AzH^3OH$.

D'où : $CO^2AzH^2OH = \underbrace{H-CHO}_{\text{aldéhyde formique}} + AzO^2H$.

L'aldéhyde formique n'a pas été observé mais l'acide nitreux. On a, par contre, observé l'aldéhyde glycolique et l'acide nitreux :

$2CO^2AzH^2OH = \underbrace{CH^2OH-CHO}_{\text{aldéhyde glycolique}} + 2AzO^2H$.

Les conceptions qui viennent d'être exposées établissent un rapprochement entre les phénomènes qui se passent dans les cellules vertes et dans les cellules incolores des microbes. Cette conception tendrait à enlever à la matière verte le rôle prépondérant qu'on lui avait reconnu jusqu'ici.

Dans cette nouvelle conception, la chlorophylle serait un des premiers produits de la synthèse et elle jouerait probablement le rôle d'un écran. C'est là une idée intéressante qu'il y a lieu d'examiner de plus près, en tenant compte de propriétés très remarquables du pigment vert, la fluorescence notamment.

La fluorescence de ce pigment a été étudiée la première fois par Edmond Becquerel, puis par Timiriazeff; la matière verte peut émettre une lueur rougeâtre voisine de la bande principale d'absorption du spectre chlorophyllien. Si l'on envisage un autre corps, l'éosine, présentant une propriété semblable, on constate que mise dans l'obscurité cette substance se met à luire sous l'influence d'un rayon lumineux qu'on lance sur elle; le phénomène disparaît après la suppression de la source de lumière. La phosphorescence se distingue de la fluorescence par la propriété du corps de continuer à luire après la suppression de la radiation de lumière. Il y a des passages de l'une à l'autre : les couleurs d'aniline sont fluorescentes à l'état de solution, phosphorescentes à l'état solide. Parmi les liquides fluorescents, on peut mentionner à côté de la chlorophylle, les sels d'urane dont il a été question plus haut.

Les impuretés qui existent dans un corps peuvent avoir une influence sur sa luminescence ; c'est ainsi que le caractère lumineux de la calcite peut-être lié à la présence de corps du groupe yttrium qui peut exister en proportion infime, $\frac{1}{2.500.000}$ par exemple. De là cette conception que dans un système fluorescent, il y a lieu de distinguer : 1° un élément phosphorogène ou luminophore, 2° un élément diluant ou électrogène. Dans les corps organiques à molécule compliquée, certains groupements agissent comme électrogènes, les autres comme luminophores. La faculté luminescente est accrue par l'adjonction à la molécule d'autres groupements atomiques comme le groupe carboxyle (COOH) électro-négatif ou l'oxydrile (OH) qui est électro-positif; ces faits sont intéressants quand on se souvient de la formule de la chlorophylle qui a été indiquée p. 42.

La question de la fluorescence se relie d'ailleurs à celles des rayons cathodiques. Lorsqu'on fait le vide dans une ampoule de verre où il y a deux pôles + et −, toute luminosité disparaît entre les deux pôles quand le vide tombe à $\frac{1}{10}$ de millimètre, mais la paroi du verre devient fluorescente principalement en face de la cathode : les rayons invisibles partant de cette dernière viennent frapper et bombarder le verre et c'est ainsi qu'ils provoquent le phénomène lumineux ; si la cathode est concave, la partie éclairée est concentrée en un point par le bombardement des électrons. Les phénomènes lumineux sont dus à des mouvements d'électrons (atomes électriques qui se manifestent dans le tourniquet électrique).

Trois éléments sont à distinguer dans le phénomène de luminescence : 1° la substance qui entre en vibration, le phosphorogène ou luminophore (ce que M. Matout a comparé à la corde du violon); 2° le diluant ou électrogène (ce qui est comparable à la caisse de résonance du même instrument) ; 3° la cause qui met en action le système, soit la lumière, la radiation, la chaleur, l'action mécanique (et c'est ce que M. Matout compare à l'archet qui servira à produire le son).

Cette question que la *résonance* que nous venons ainsi soulever présente un grand intérêt. MM. Berthelot et Gaudechon la font intervenir pour expliquer les phénomènes photo-chimiques. D'après eux, les vibrations des systèmes atomiques matériels s'amplifieraient par résonance jusqu'à rupture de l'édifice moléculaire, de même que le verre se brise sous l'influence du son qu'il est susceptible d'émettre. Wood, en agissant sur la vapeur de sodium, a réussi à provoquer des spectres de résonance qui sont différents des spectres de fluorescence. La vapeur de mercure s'illumine brillamment sous l'influence de la lumière ultra-violette et produit une luminescence due à une résonance. L'introduction d'une faible quantité d'un gaz inerte tel que l'hélium a pour effet de faire disparaître le spectre de résonance et apparaître le spectre de fluorescence.

Ces notions nous conduisent à celle des substances sensibilisatrices. En 1874, Edmond Becquerel eut l'idée heureuse de préparer du collodion au bromure d'argent qui sert comme pellicule photographique en additionnant l'émulsion de pigment chlorophyllien. On sait que d'ordinaire quand on expose un sel d'argent à l'action d'un spectre, seuls les rayons chimiques (violets et ultra-violets) impressionnent la plaque photographique. Or ici l'addition de chlorophylle change ce résultat classique : on voit agir les rayons de couleur rouge orangé, ce sont justement ceux qu'absorbe le pigment vert, qui transmettent leur énergie sur le sel d'argent pour le décomposer.

Ceci amène à envisager l'action des substances fluorescentes ou catalyseurs lumineux. M. Noack vient de publier tout récemment (1920) un travail sur cette question qui est très suggestif. Envisageons d'abord les matières fluorescentes colorantes et quelques autres substances organiques fluorescentes sans caractère colorant ; cette étude des substances photodynamiques actives est très intéressante. Elle a été entreprise notamment par Tappeiner. Il additionne de $\frac{1}{10.000}$ d'éosine un liquide renfermant des animaux inférieurs, des *Paramæcium caudatum ;* à l'obscurité, cette addition n'a rien de nuisible ; sous l'action de la lumière solaire, les Infusoires sont tués. Des résultats analogues ont été obtenus avec des plantes (*Spirillum volutans*, Algues, plantes supérieures) — [recherches de Metzner (1909), de Gicklhorn (1914)]. De pareilles substances photodynamiques peuvent exister dans les graines de Maïs (zéochine, matière bleue, fluorescente) et une action semblable se manifeste avec elles sur les Paramécies. Il semble même qu'une maladie rapportée à la nutrition du Maïs, la pellagre, est en relation avec le rôle de cette même matière.

La chlorophylle peut être comparée aux substances précédentes, car elle produit les mêmes effets (Hausmann 1909, Hausmann et Portheim 1909) : en présence de la lumière, les Paramécies sont également tuées comme avec l'éosine. Si 0,2 ccm. d'une dissolution de chlorophylle (à 0,05 p. 100 solution de chlorophylle cristallisée dans l'alcool méthylique) sont ajoutées à 5 ccm. de culture de Paramécie, en deux minutes au soleil ces petits animaux sont tués ; à l'obscurité, au bout de 72 heures, de nombreux Infusoires sont encore en vie.

L'action qui se produit ainsi est une action oxydante, à la suite d'une formation intermédiaire d'éosine-peroxyde. On en a des preuves diverses, entre autres par les expériences suivantes réalisées par M. Noack. L'extrait aqueux de Fève contient un corps oxydable du groupe des mélanines (voisin des tyrosines, tryptophane, etc.); en le mélangeant à des doses très faibles d'éosine, on voit la liqueur brunir si l'on expose à la lumière et d'autant plus vite que l'éosine est plus concentrée. La coloration est toujours forte surtout sous la surface ; à l'obscurité ce changement de teinte n'a pas lieu. Avec l'extrait d'*Alœ soccotrina*, on obtient des résultats analogues, mais le pigment qui se forme est rouge au lieu de noir. Si on ajoute du bisulfite de soude, c'est cette dernière substance qui est oxydée et le chromogène ne change pas de teinte. Si l'on compare l'effet de l'éosine à celui de l'eau oxygénée (un oxydant énergique), on s'aperçoit qu'une solution éclairée d'éosine oxyde plus fortement que H^2O^2. Si l'on essaie l'effet sur un chromogène de Fève d'un mélange de sulfite et d'eau oxygénée on constate que le sulfite empêche l'oxydation du chromogène par cette matière oxydante, qui agit sans intervention du rayon lumineux.

Les substances photodynamiques agissent donc sous forme d'un produit peroxyde qui se montre actif comme un poison pour les cellules de Paramécies, exactement comme l'eau oxygénée. Mêmes résultats dans les recherches sur la Vallisnérie spirale, curieuse plante aquatique chez laquelle les mouvements protoplasmiques sont si accusés. Additionnant l'eau où elle se trouve de $\frac{1}{4.000}$ d'éosine et exposant pendant quarante minutes à la lumière, le mouvement cesse ; mais si cette matière fluorescente est mélangée de sulfite de soude, au bout de sept heures à la lumière le mouvement du protoplasma est toujours normal.

Si l'on répète avec une solution de chlorophylle de Selaginelle l'expérience faite plus haut avec l'*Aloe soccotrina*, on voit apparaître au bout de 40 minutes une couleur rouge clair (comme contrôle, sans chlorophylle le rougissement ne se produit pas). La solution au début était légèrement verte par addition du pigment chlorophyllien, mais avant l'apparition du rougissement la coloration verte disparaît. Il ne s'agit donc pas, à proprement parler, d'une action de la chlorophylle mais de ses produits de dislocation nés à la lumière.

Le lien de tous ces phénomènes avec celui de l'assimilation se manifeste par l'expérience suivante : une pousse d'*Elodea* est additionnée d'une solution à 1 p. 100 de bicarbonate de potassium et maintenue éclairée, on contaste un dégagement régulier de bulles d'oxygène pendant plusieurs heures. — Ajoutant du sulfite de soude (1 °/₀ $KHCO^2 + 0,2$ °/₀ Na^2SO^3), au bout de deux minutes le dégagement de bulles d'oxygène cesse et ceci se maintient sans changement au bout de 30 minutes.

L'expérience suivante de Wislicenus (1918) est intéressante à citer : on additionne le bicarbonate de potassium d'eau oxygénée ; après quelques minutes le dégagement de gaz s'accuse, d'abord de l'O pur, puis $O + CO^2$, pendant que dans la solution la présence d'acide formique est constatée.

La résonance de la chlorophylle s'accuse par le caractère peroxyde qui se manifeste comme dans le cas de l'éosine. Il y a lieu de distinguer deux stades dans son action : 1° une isomérisation de CO^2 sous forme d'une combinaison peroxyde de chlorophylle et de CO^2 par suite d'une résonance, 2° une réduction photochimique de cette combinaison isomère.

L'étude un peu longue qui vient d'être entreprise ne nous éloigne pas du problème que nous abordons dans le présent ouvrage si nous remarquons que la chorophylle est une des substances vitales primitives, puisque l'on a trouvé des traces de l'existence des

Algues, c'est-à-dire de végétaux verts, avant le Cambrien (Walcott, 1915).

La physiologie de la chlorophylle qui existait il y a un nombre incalculable d'années était-elle aussi complexe que celle que l'on vient de mentionner dans ce qui précède? C'est vraisemblable. Déjà dans ces phases primordiales de l'évolution terrestre, la vie résultait d'un enchevêtrement presque inextricable de phénomènes chimiques et physiques : l'électricité, la fluorescence, la résonance intervenaient à chaque stade de ses manifestations.

Y a-t-il eu des étapes dans la formation de la matière verte? C'est très probable. On pourrait être tenté de penser, d'après certains faits récemment acquis (1) que les Bactéries sont plus primitives que les Algues, c'est là une opinion qui a été formulée par M. Osborn (1918) mais les données actuelles de la Géologie n'appuient pas, pour le moment, cette manière de voir puisque des formations calcaires tout à fait à la base du précambrien comme celles des séries de Grenville, auxquelles on attribue 60 millions d'années d'âge, sont regardées comme d'origine algologique (2).

En résumé, bien que la physiologie chlorophyllienne soit loin d'être entièrement éclaircie, on entrevoit le rôle merveilleux que joue la radiation solaire dans la feuille verte; on soupçonne comment l'ardeur brûlante de la lumière issue de l'astre du jour a pu, à l'aide de l'humidité et du gaz carbonique de l'atmosphère, additionnés des substances salines du sol, notamment des azotates, produire la matière vivante. Il est vrai que dans les expériences qui sont réalisées dans le laboratoire, cette matière vivante préexiste. C'est elle qui est

(1) Notamment la production de l'acéthylméthylcarbinol par les Bactéries comme par les plantes vertes (p. 56).

(2) Osborn, p. 103. Voir PIRSSON et SCHEUBERT. A Textbook of Geology.

l'ouvrier produisant le travail, travail compliqué, minutieux, délicat, dont nous commençons seulement à entrevoir le mécanisme ; les matériaux mis en œuvre nous paraissent très simples, ils sont parmi les moins complexes que nous rencontrions dans la nature ; c'est comme cela que cette idée s'incruste de plus en plus dans notre esprit que cet acte de l'assimilation du carbone a dû être un des premiers dans l'évolution de la vie terrestre, peut-être le premier. Il est vrai que sans l'ouvrier, bien que la matière ouvrable soit toujours là largement à notre disposition, nous sommes impuissants à réaliser la synthèse. Nous arrivons cependant, à l'aide d'artifices grossiers, à imiter difficilement et de loin certains des gestes que le travailleur mystérieux exécute avec rapidité, avec aisance, avec une promptitude de succession et d'enchaînement qui tient du prodige. Ce sont là des résultats très importants et les chimistes et physiologistes qui ont été les initiateurs ont lieu d'être fiers ; mais c'est un levier, c'est une bielle, c'est une roue qu'ils ont pu forger et ce qu'il nous faudrait c'est la machine tout entière en marche sous la conduite du mécanicien. C'est même quelque chose de plus, c'est la machine fonctionnant indéfiniment après la chiquenaude initiale du Grand Moteur de Descartes.

BIBLIOGRAPHIE

BACH. — (*Comptes rendus de l'Acad. sc.* t. 116, p. 1145, 1389 — 1893).

BAEYER. — (*Ber. d. deutsch. Chem. Ges.* t. 3, p. 63 — 1870).

BERNTHSEN. — Traité de chimie organique (trad. de l'allemand par Choffel et Suais — 1900).

BERTHELOT (DANIEL) ET GAUDECHON. — (*Comptes rendus de l'Acad. sc.* t. 150, p. 1690 — 1910).

CHODAT ET SHWEIZER. — Nouvelles rech. sur les ferm. oxydants (*Arch. sc. phys. et nat.* (4) t. 39, p. 334 — 1915).

CZAPEK. — Biochemie d. Pflanzen, I, 447.

FICHER (E). — (*Ber. d. deutsch. Chem. Ges.* t. 27, 3189, 3231 — 1894). Die Chemie der Kohlenhydrate und ihre Bedeutung für die Physiologie, 1894. — Untersuchungen über Kohlenhydrate und Fermente. Berlin, 1909. — Faraday Vorlesungen (*J. Chem, Soc.* t. 91, 1749 — 1907). Organische Synthese und Biologie.

HANSEN. —(*Arb. d. bot. Inst. in Würzburg* III, B, 426, 1885).

HAUSMANN. — (*Ber. d. Deutsch. bot. Ges.* t. 26, 1908); (*Jahrb. f. wiss. Bot.* t. 46, 599 — 1909. HAUSMANN UND PORTHEIM (*Bioch. Zeits.* t, 21, 51 — 1909).

HARTLEY (W. N.). — (*J. Chem. Soc.* t. 59, 106, 124 — 1891).

HARVEY GIBSON. — (*Ann. of Bot.*, t. 22, 117 — 1908).

IRVING. — (*Ann. of. Botany* t. 24, 805 — 1910).

MOORE. — The Origin and Nature of Life (William and Norgate. Londres, 1913) — (*Proceed. Roy. Soc. London*, t. 87, 556 — 1914). — MOORE AND WEBSTER (id. t. 87, p. 163).

MASSEE (Georges). — On the origin of parasitism in fungi (*Philosophical Transat. Roy. Soc. London*. Série B, vol. 197, 7-24, 1904).

MAZÉ. — (*Comptes rendus Acad. sc.* t. 160, 7 juin 1915 : t. 171, 1391, 27 déc. 1920 ; t. 172, 175, janvier 1921 ; t. 155, 783, 21 oct. 1912).

NOACK. — (*Zeits. f. Botanik.* 1920, 273).

SCHRYVER. — (*Proc. Roy. Soc. London*, t. 83, 2261 — 1909).

USHER AND PRIESTLEY. — (*Proc. Roy. Soc. London*, t. 77, 372 — 1906 ; t. 78, 318 ; t. 84, 101 — 1911).

WARNER. — (*Proc. Roy. Soc. London*, t. 87 ; 376 — 1914).

WAGER. — (*Proc. Roy. Soc. London*, t. 87, — 1914).

WILLSTAETTER (et ses élèves). — Voir *Ann. sc. nat. bot.* 1919 t. I. Actualités biolog.). — W. UND M. FICHER. (*Ann. d. Chemie*, t. 400, 182, 190 ; *Zeits. f. phys. chem.*, t. 87, 423, 1913). — W. UND FORSEN (*Ann. d. Chemie*, t. 396, 180-1913). — WILLSTAETTER UND STOLL. Untersuchungen über Chlorophyll (1913). — Untersuchungen über die Assimilation der Kohlensäure (1918).

CHAPITRE V

LA SCIENCE DE LA VIE

La science positive ne doit se laisser effrayer par aucun problème, mais elle se résigne à renoncer peut-être provisoirement à l'étude des questions qui paraissent insolubles : la recherche de la production de la matière vivante rappelle à l'heure présente la poursuite de la pierre philosophale. Autrefois, surtout pendant l'antiquité et le Moyen âge, beaucoup d'observations erronées ont été invoquées comme plaidant en faveur de la génération spontanée. C'était une manière simple de résoudre la question de l'origine de la vie. Malheureusement tous les faits de cette nature ont été successivement reconnus inexacts. On peut suivre, depuis l'époque mycénienne (avant Homère) jusqu'à la Renaissance (Aldrovandi, Sebastien Münster, etc.) les métamorphoses invraisemblables d'une légende qui faisait naître des Oiseaux sur des morceaux de bois rejetés comme des épaves des profondeurs de la mer. Au XVIIe siècle Van Helmont, au XVIIIe, Needham, au XIXe, Pouchet se sont acquis une mauvaise renommée, malgré le mérite qu'ils avaient par ailleurs, parce qu'ils s'étaient fourvoyés sur cette question de la génération spontanée en invoquant des exemples tout à fait inexacts et même dans certains cas franchement absurdes (1).

A l'heure actuelle, aucun fait ne révèle la genèse de la vie dans le monde présent. Ce phénomène a pu et dû se produire à l'origine des temps géologiques, mais il y a peut-être de cela 60 millions d'années. Le seul fil conducteur qui puisse guider un peu notre marche sur cette voie ardue, c'est l'étude approfondie des phénomènes qui caractérisent la vie : la recherche précise des faits est la seule méthode que l'homme ait à sa disposition pour scruter les énigmes de la nature. Grâce à elle seulement, il peut espérer arriver à résoudre quelques-uns des problèmes qui se dressent devant lui ; c'est sur elle qu'il peut fonder ses espoirs de progrès, c'est avec son aide qu'il dissipera un peu les épaisses ténèbres qui entourent son esprit.

Qu'est-ce que la vie ? « Depuis que l'homme pense, dit Armand Gautier, et il pense depuis longtemps, le phénomène de la vie a sollicité son attention inquiète et provoqué la sagacité de son esprit. Mais si la chute d'une pomme a suffi, paraît-il, à la raison souveraine de Newton pour découvrir la gravitation et, avec elle, les lois qui président aux mouvements du monde solaire, il faut que l'organisation de l'Univers, quelle que soit sa complexité apparente, soit bien autrement simple que celle du plus petit des êtres vivants, pour que le génie d'un Harvey, d'un Kant, d'un Spallanzani, d'un Lavoisier, d'un Claude Bernard, d'un Pasteur, n'aient pas suffi à dévoiler les causes qui président à l'évolution des organismes, pas même à définir clairement la vie. »

C'est qu'il n'y a pas de définition des choses naturelles comme l'a affirmé Claude Bernard. Pascal se moque spirituellement de la définition qui avait été

(1) Procédé de Van Helmont pour obtenir la génération spontanée de souris (!) en faisant fermenter du linge sale. C'est cependant Van Helmont qui a découvert l'air crayeux ou acide carbonique, ce qui est une grande découverte.

proposée de la lumière : « la lumière est un mouvement luminaire des corps lumineux » ou celle de l'homme : « un animal à deux jambes et sans plumes », qui fournit une idée inutile et ridicule puisque l'homme ne perd pas l'humanité avec ses jambes et le chapon ne l'acquiert pas en perdant ses plumes. L'abbé Bergier, qui a réfuté en sept volumes Rousseau, Voltaire, d'Holbach et tous les philosophes du XVIIIe siècle, donne la définition suivante de l'âme « substance spirituelle qui pense et est le principe de la vie de l'homme ». Kant disait : « l'organisme est un tout résultant d'une intelligence calculatrice résidant dans son intérieur ». On entrevoit ainsi la notion de la force vitale, qui se manifeste également dans la définition de Dugès : « la vie est une activité spéciale des êtres organisés. »

La vie se trahit par certains actes, notamment par le battement du cœur, ou encore par le dernier souffle d'un être qui s'éteint. Harvey, au XVIIe siècle, a montré que les pulsations de l'organe central servaient à lancer le sang dans les artères, et, de là, dans les veines en revivifiant les tissus ; après s'être rafraîchi dans le poumon, ce liquide va actionner le foie, les glandes, les muscles. « Si le cœur bat, la machine animale marche ; s'il s'arrête, elle s'arrête tout entière et tout tombe désormais sous l'empire des forces naturelles (1) ».

On pourrait donc être tenté de dire : Le battement du cœur c'est la vie (2) ; son arrêt, c'est la mort qui apparaît après la dernière expiration respiratoire (3). « La vie est le contraire de la mort », c'est une définition que nous trouvons dans l'Encyclopédie. Bichat, en 1802, dans ses *Recherches physiologiques*

(1) GAUTIER.

(2) Mais il y a beaucoup d'êtres, notamment toutes les plantes qui n'ont pas de cœur.

(3) Des phénomènes analogues à la respiration se passent après la mort. (Berthelot et André; P. Becquerel.)

sur la vie et la mort (an X) précisait cette opposition en disant : « la vie est l'ensemble des fonctions qui résistent à la mort ». Il ajoutait : « Tel est, en effet, le mode d'existence des êtres vivants, que tout ce qui les entoure tend à les détruire. Les corps inorganiques agissent sans cesse sur eux; eux-mêmes exercent les uns sur les autres une action continuelle; bientôt ils succomberaient s'ils n'avaient en eux un principe de réaction ». La force vitale toujours réapparaît. C'était l'époque ou trônait la théorie du « vitalisme ». Une telle conception se trahit encore dans les écrits de Cuvier : « La vie est une force qui résiste aux lois qui régissent la matière brute. La mort est la défaite de ce principe de résistance. Le cadavre n'est autre chose que le corps vivant tombé sous l'empire des forces physiques. »

C'est contre cette définition surtout que Claude Bernard s'est élevé dans ses leçons célèbres sur les *Phénomènes communs aux animaux et aux végétaux* professées en 1878-1879, une date importante dans l'évolution scientifique, car elle correspond à la première manifestation de la Physiologie générale. C'est à ce propos qu'il a formulé la théorie du *déterminisme*, qui montre nettement que la définition de Cuvier était inadmissible. Si l'on prend une graine à l'état de repos, rien ne laisse soupçonner au dehors qu'on est en présence d'un objet vivant ; mais si on lui donne de l'humidité et de la chaleur (1) alors elle germera. L'apparition des manifestations vitales se produira donc dans ces « conditions déterminées ». Si nous abaissons la température d'un animal sa sensibilité diminuera. Si nous desséchons un Rotifère, il nous apparaîtra comme mort; dès que nous lui donnerons de l'humidité, il ressuscitera. Un Lapin, un Chien auquel nous faisons subir l'amputa-

(1) Il faut ajouter et de l'air ; on n'en parle pas parce que l'air et l'oxygène qui s'y trouvent sont toujours présents dans l'expérience de germination.

tion de certaines parties de l'encéphale présentera, après la guérison, des mouvements gyratoires singuliers, toujours les mêmes. De toutes ces remarques, il découle donc que ce n'est pas le cadavre qui est retombé sous l'empire des forces physiques ; aucune manifestation vitale ne se produit que quand des conditions physico-chimiques sont réalisées dans le milieu extérieur ; si elles manquent, le phénomène attendu n'apparait pas.

Il n'y a donc pas un monde spécial où règnent les forces vitales. Les transformations de l'énergie sont les mêmes dans le corps vivant que dans la matière brute. La pression osmotique qui se produit dans une cellule vivante dépend exclusivement de la composition chimique du suc cellulaire. L'électricité qui se dégage d'un muscle de Grenouille est la même que celle d'une pile. L'équivalent mécanique de la chaleur est identique, qu'il s'agisse du travail d'un animal ou de celui d'une machine à vapeur.

Ainsi donc, il faut renoncer à la notion de force vitale car « elle n'a jamais été mise en évidence, elle n'a jamais été mesurée comme les autres formes de l'énergie, elle n'a jamais été transformée en aucune autre force. » (Massart (1).

Il ne faudrait cependant pas être tenté de dire que les conditions physiques sont tout et que ce sont elles qui créent la vie : « Maintenant, disait Lucrèce, une foule d'êtres vivants sortent du sein de la terre, ils sont formés à l'aide des pluies et de la chaleur ardente, du soleil ». S'il en était véritablement ainsi ce serait réellement par trop simple.

Pour Claude Bernard, la vie résulte d'un accord entre les lois préétablies, lois de l'hérédité, réglant la succession des phénomènes et les conditions physico-chimiques. Il n'y a pas lieu de nier la complexité de ces lois, mais ce n'est pas une raison pour

(1) Eléments de Biologie générale et de Botanique 1920, p. 3.

cacher notre ignorance derrière une force mystique vitale et imiter le sauvage qui, devant un téléphone, évoquerait une force téléphonale.

Cependant certains auteurs, à une date récente (M. Driesch, MM. Morat et Doyon), ont cherché à rajeunir la notion vieillie du vitalisme. Il s'agit, dit-on, d'une doctrine qui n'ignore pas qu'en dehors des « conditions physico-chimiques il n'y a pas moyen d'agir sur l'être vivant et d'en recevoir des réponses ». MM. Morat et Doyen signalent les exagérations du mécanisme, malgré son influence prépondérante heureuse sur le développement de la Biologie. Ils reconnaissent que le vitalisme passe pour une doctrine inféconde, en cela, ajoutent-ils, il y a quelque exagération et quelque oubli des services rendus ». Il semble cependant que ces tentatives ont été faites dans une voie qui se dirige en sens inverse du progrès scientifique.

Renonçant, en tout cas, à chercher une définition de la vie, nous nous efforcerons de préciser la notion que nous en avons en insistant sur les quatre manifestations suivantes que nous allons étudier successivement :

1° l'évolution ; 2° la nutrition ; 3° l'organisation ; 4° la reproduction.

BIBLIOGRAPHIE

DRIESCH. — Die Localisation morphogenetischer Vorgänge. EinBeweis vitalistischen Geschehens (*Arch. Entwick. Mech*,, t. VIII, 1899, 35-111). The science and Philosophy of the Organism (1908).

GAUTIER (Armand). — Etat de nos conceptions sur le mécanisme de la vie. (*Revue génér. des sciences*, 1900, 571.)

MORAT ET DOYEN. — Traité de physiologie. Fonctions élémentaires, 1904, p. IX.

MORGAN. — Regeneration in Planarians. (*Arch. Entwick. Mech.*, t. X, 1900, 58-119.)

CHAPITRE VI

ÉVOLUTION. CROISSANCE

Pour caractériser les trois règnes de la nature, Linné aussi bien que Blainville emploient volontiers les formules suivantes : le minéral existe ; le végétal existe et croît ; l'animal existe, croît et sent. En réalité la sensibilité existe chez certaines plantes, comme la pensée chez les animaux supérieurs. Malgré cela, il est évident que le caractère de la croissance est celui qui frappe le plus quand on examine les plantes et les animaux. L'être vivant ne reste pas identique à lui-même, il évolue : il naît, il grandit, il devient adulte et, en apparence, demeure alors permanent, mais en réalité l'évolution continue et on aperçoit, sous cette stabilité apparente, des changements incontestables ; puis la décrépitude se fait sentir et la mort est la fin nécessaire de tous les êtres vivants.

Il y a dans le monde sidéral et même à la surface de la terre des phénomènes qui semblent trahir une évolution analogue. Par exemple, en juillet 1831, un petit îlot apparut hors des flots de la Méditerranée, près de la Sicile ; on s'empressa de le baptiser du nom d'île Julia ; sa vie fut courte, si l'on peut se servir de cette expression, car il disparaissait en décembre de la même année au sein des flots d'où il était sorti; en novembre 1866, il reparaissait à la même place. Ces remarques nous apprennent donc que l'évolution ne suffit pas pour caractériser la vie.

Essayons de préciser cette variabilité incessante de l'être vivant à l'aide de symboles très simples. Représentons par V le volume d'une plante au temps T et par V' le volume au temps T + t; nous pouvons remarquer que le second volume est différent du premier et est égal à V additionné de tout ce qui s'est accru, que nous désignerons par c, diminué de tout ce qui s'est détruit que nous appellerons d. Nous avons donc

$$V' = V + c - d$$

$\frac{c - d}{t}$ est la vitesse de croissance globale pendant le temps t; $\frac{c}{t}$ est la vitesse de croissance réelle; $\frac{d}{t}$, la vitesse de décroissance effective.

Divers cas peuvent s'observer : 1° c peut être plus grand que d ou $c > d$, $c - d$ est positif, V' est plus grand que V ou $V' > V$, le corps augmente; 2° $c = d$ $V' = V$, c'est l'état adulte; 3° $c < d$ $V' < V$ le corps décroît. Ce dernier cas ne s'observe pas toujours dans l'état de vieillesse, il peut se rencontrer, au contraire, dans l'extrême jeunesse : la graine pèse plus que la plantule qui en sort au moment de la germination; le poulet pèse moins que l'œuf. Il y a, enfin, un autre cas à considérer, c'est celui où $c = o$ $d = o$; alors $V' = V$ mais pour une autre raison que dans le cas de l'adulte. Que signifie ce cas particulier que nous désignerons sous le nom de « vie latente »? On a d'abord envisagé qu'il s'agissait d'une vie extraordinairement ralentie. En emprisonnant des graines dans un tube fermé par de la paraffine, MM. Van Tieghem et Bonnier ont montré qu'au bout de deux ans, on pouvait s'apercevoir, par certains phénomènes, notamment par des échanges gazeux, que la vie avait continué en fait, mais extrêmement affaiblie. M. Paul Becquerel a pu, en desséchant suffisamment les graines, arriver à supprimer tous les phénomènes vitaux. Ces graines ainsi privées de leur humidité ont un pouvoir de résistance tout à fait extraordinaire.

Il faut reconnaître que cet état de vie latente est tout à fait singulier. La graine ainsi endormie peut être confondue avec une pierre. Mais on a un moyen très simple d'éviter une pareille erreur en lui donnant un peu d'humidité; s'il ne fait pas trop froid, on verra la germination se manifester : la croissance de la petite plantule nous apprendra sans ambiguïté que nous n'avons pas affaire à un minéral.

Laissons la petite plante précédente se développer, elle donne d'abord une racine, puis une tige ; le corps du végétal prend donc une forme cylindrique ; parfois la plante adulte garde cet aspect primitif. Mais d'ordinaire l'aspect général se complique par l'apparition de branches, ressemblant à l'axe primordial, sur lequel peuvent s'insérer des organes plats qu'on appelle les feuilles. L'aspect que nous venons de décrire, en quelques mots, est bien connu, c'est celui de tous les végétaux supérieurs. Il est beaucoup plus rare chez les animaux; il se retrouve cependant chez un certain nombre de types inférieurs de la vie animale que Cuvier désignait autrefois sous le nom de Zoophytes (animaux-plantes: Corail, Polypiers, etc.). La forme la plus ordinaire des autres animaux est assez différente. M. Mastermann distingue les types à centrosymétrie (Protozoaires, Flagellés, types élémentaires), à axosymétrie (Cœlentérés, Echinodermes, etc.), à planosymétrie (Métazoaires). M. Reh (1900) reconnaît que le mouvement chez les animaux est la cause prédominante de la symétrie. Enfin, Edmond Perrier explique l'origine des Vertébrés par un retournement de l'animal.

Les formes primitives dans le règne végétal semblent bien être : la forme sphérique (Pleurocoque ou poussière verte des arbres); la forme cylindrique

(Cierge); la forme plane (Ulve). Une expérience très curieuse, due à M. Julien Ray, nous fournit un renseignement très curieux sur l'origine possible de ces trois aspects primordiaux du monde des plantes. Il cultive un Champignon (*Sterigmatocystis*) d'abord sur

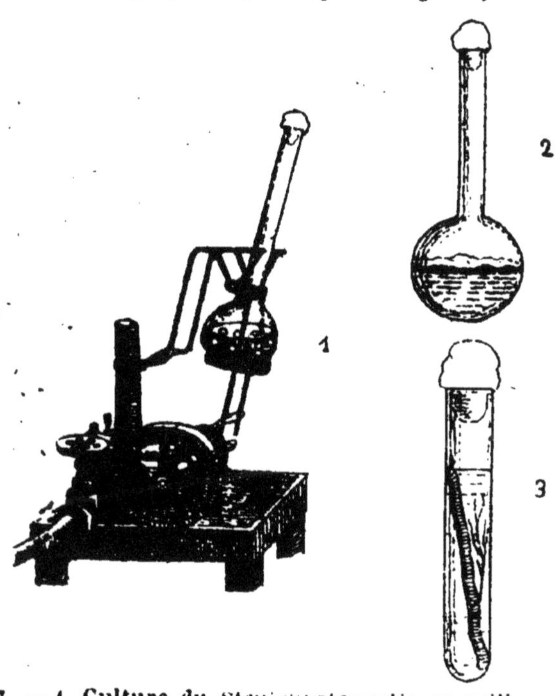

Fig. 5 à 7. — 1. Culture du *Sterigmatocystis* en milieu agité donnant naissance à des boules parfaitement sphériques. 2. Culture en milieu tranquille, le Champignon prend la forme d'une lame à la surface du liquide. 3. Culture en milieu agité, mais dans le vase il y a un morceau de bois sur lequel s'attachent les germes qui donnent en se développant des filaments (expériences de J. Ray).

un liquide tranquille, il voit apparaitre une membrane plane (fig. 6); il le sème ensuite dans un tube soumis à la trépidation (soit à l'aide d'un courant d'eau, soit avec un électro-aimant), le Champignon prend alors la forme de boule (fig. 5); s'il met un bâton dans le tube précédent, les spores se fixent après et la forme devient allongée, filamenteuse, ramifiée (fig. 7). Sans doute, il est hasardeux de déduire des conséquences trop étendues d'une seule expérience, mais il semble bien que la fixation au sol a contribué à imprimer au règne végétal une évolution caractéristique et le port arborescent en résulte; le mouvement a contribué, au contraire, comme nous le disions plus haut, à créer l'animalité.

Il y a un cas particulier à envisager dans l'histoire du développement d'un être, c'est celui qu'on observe chez un certain nombre de types inférieurs (Bactéries, Levures, Diatomées, Desmidiées, Protozoaires) qui se coupent en deux chaque fois qu'ils s'allongent tant soit peu. Ce sont des organismes qui se dissocient et qui tombent en poussière (c'est aussi le cas des globules rouges qui nagent dans le sang). Ces plantes et ces animaux inférieurs sont très petits, en réalité ils ne sont microscopiques qu'en apparence. Marshall Ward a montré que le *Bacillus ramosus* doublait de longueur en trente-cinq minutes, il produit en douze heures plusieurs millions d'articles qui, il est vrai, n'ont qu'un centième de millimètre de long; en ajustant par la pensée ces éléments infimes bout à bout, car ils se séparent d'ordinaire aussitôt formés, on aurait un être gigantesque de quarante mètres de long en douze heures. C'est là une rapidité prodigieuse de croissance, qui explique le rôle redoutable que peuvent jouer les microbes lorsqu'ils envahissent le corps d'un animal.

Ainsi donc la taille, qui dérive de la croissance est un élément très important pour caractériser un être vivant : un arbre ou une herbe, un Figuier des Pagodes qui peut avoir cinq cents mètres de tour ou une Bactérie microscopique. La durée est d'ailleurs intimement liée aux dimensions : un arbre qui se durcit, se lignifie, qui est formé d'éléments extrêmement résistants bravera les intempéries des saisons et des climats et vivra des siècles (jusqu'à 6.000 ans pour les *Adansonia* ou Baobab), d'autres espèces éphémères vivront l'espace d'un matin détruits par le froid, par la sécheresse, par un coup de soleil, par la moindre blessure.

Les microbes que nous venons d'envisager plus haut sont loin d'être les plus petits organismes vivants. Une Bactérie qui mesure 0, μ 4 (μ = le millième de millimètre, c'est l'unité microscopique) est encore visible; lorsque les dimensions tombent à 0, μ 3, 0, μ 2 on ne distingue plus la cellule par transparence; pour l'apercevoir, on est obligé d'employer un artifice, on se sert d'ultra-microscope : on éclaire la préparation par-dessus avec un condensateur parabolique ou sphérique, et on observe sur fond noir; on doit pour la mise au point, qui est une opération délicate, réaliser une horizontalité parfaite de la platine du microscope et il faut se servir pour cela d'un niveau à bulle d'air (Cotton et Mouton). Grâce à cet outil on a pu, en 1898, découvrir le microbe jusque-là invisible de la péripneumonie des Bovidées. Parmi les microbes invisibles, on doit citer celui de la rage qu'un Japonais, M. Hideyo Noguchi, a fini par découvrir (en 1912). Pasteur bien qu'ayant échoué dans la recherche et l'isolement de ce microbe n'avait pas hésité à le cultiver sur le vivant par trépanation dans l'encéphale des Lapins et il avait réussi à faire un vaccin et ainsi guérir cette redoutable maladie. Parmi les microbes invisibles, il faut signaler celui de la variole, de la fièvre jaune, de la scarlatine. La fièvre des tranchées (fièvre exanthématique) qui se transmet par le Pou peut devenir invisible à certains stades du développement sur cet animal (Nicolle, Blaizot et Conseil).

Ainsi donc il découle bien de tout ce qui précède que la croissance est le caractère le plus apparent des êtres vivants, celui qui entraîne un certain nombre de conséquences qui contribuent à fixer le port, l'aspect général de tout ce qui vit, par conséquent ce qui frappe surtout l'observateur le moins attentif. Doit-on déduire de là que tout ce qui croît mérite d'être rangé parmi les formes vivantes? M. Stéphane Leduc, qui a fait des études sur les phénomènes osmotiques sur lesquels nous reviendrons, a réalisé un certain nombre d'expériences intéressantes qui montrent qu'avec de simples substances chimiques on peut faire naître, grandir en quelques instants un corps qui peut affecter l'aspect d'une petite plante. Les journaux quotidiens se sont emparés de ces données et leur ont attribué un aspect qui ne pouvait convenir, car on voyait figurer des titres comme celui-ci : « Miracle, comment un savant crée les êtres vivants. » (Matin, 21 décembre 1906) (1). M. Bonnier a rappelé dans une note publiée dans les comptes rendus de l'Académie des sciences qu'on connaissait depuis longtemps les plantes artificielles de Traube (1865-1867-1875), les belles recherches de Pfeffer sur l'osmose (1886), celles de Tamman, de Funfstuck (1893), d'Overton (1895), etc., sur les mêmes questions.

Si l'on jette un petit cristal de chlorure de cuivre dans une solution de ferrocyanure de potassium à 4 ou 6 p. 100 (fig. 8), il se produit bientôt une petite vésicule à membrane de ferrocyanure de cuivre qui

(1) « Alors on comprendra comment il a été possible, il y a quelques années, de voir acclamer par une réunion de médecins et de chirurgiens la soi-disant découverte d'une génération spontanée par M. Stéphane Leduc qui affirmait obtenir des nénuphars vivants en les fabriquant avec du ferrocyanure de cuivre. On sortait de ces réunions en s'écriant : « A bas le Pastorisme! » (Bonnier, 1916). On voulait créer une chaire de biogénèse (création de la vie) au Collège de France. M. Bonnier rappelle qu'on a établi un Institut de biogénèse en Belgique. Tout récemment (1922), M. Kopaczewski parlait encore des travaux peu connus de Stéphane Leduc qui est arrivé à produire « non seulement les différentes formes des êtres vivants, celles des animaux aquatiques, des champignons, des plantes, mais bien plus la structure cellulaire des tissus, les formes de karyokinèse, les différentes taxies (*Rev. gén. sc.*, 1922, p. 358).

grandit (fig. 9 à 12), à l'intérieur de laquelle circule un liquide vert qui a l'air d'être utilisé pour l'agrandissement de cette petite cellule. Elle était d'abord arrondie, elle ne tarde pas à croître exclusivement

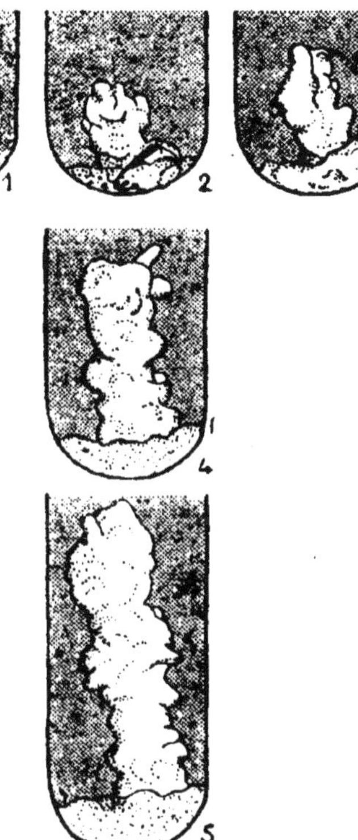

Fig. 8 à 12. — 1. Tube renfermant du ferrocyanure de potassium dans lequel on vient de jeter un cristal de chlorure de cuivre ; 2. Une petite vésicule se forme, entourée d'une membrane de ferrocyanure de cuivre qui grandit et s'accroît. 3, 4, 5. Stades successifs de l'accroissement progressif de la petite plantule métallique qui se développe dans le tube (d'après Massart, expérience de Stéphane Leduc).

par le sommet de sorte qu'elle passe d'une forme sphérique primitive à une forme allongée dont l'axe est vertical. Si l'on vient à incliner le vase dans lequel s'accroît cette petite plantule singulière en lui donnant une position oblique ou horizontale, l'extrémité du cylindre pousse dans une direction différente de celle qui était primitivement perpendiculaire au fond du vase. On croirait avoir affaire à une tige qui s'oriente dans le sens vertical sous l'influence de la pesanteur, par le géotropisme. M. Stéphane Leduc a perfectionné évidemment les modes de fabrication de ces singuliers végétaux : « toutes les croissances obtenues étaient naines, instables, informes. Mes liquides donnent des croissances de grandes dimensions, stables, transportables, nettement différenciées en rhizomes avec radicules, longues tiges verticales et organes terminaux bien formés. » Ces plantes chimiques sont d'ailleurs si curieuses qu'elles ont pu servir à certains chimistes mystificateurs d'objet d'inoffensive plaisanterie; Gernez, professeur de Chimie à l'Ecole Normale, éprouvait un malin plaisir quand il avait attiré dans son laboratoire des botanistes naïfs pour leur montrer des Algues dont il désirait savoir le nom; elles étaient bien conservées dans du papier à herbier et on pouvait y être trompé, à première vue. C'était tout simplement des plantes métalliques. Bien certainement on ne devait pas les considérer comme des preuves de la génération spontanée. Leur naissance établissait l'existence de phénomènes osmotiques, de membranes qui ont été appelées semiperméables, de cellules artificielles et tout cela est de la plus haute importance pour l'explication de la vie. L'osmose cache sous une modeste apparence les plus grands mystères. Les découvertes de Pfeffer ont joué un rôle décisif pour les progrès de la physiologie de la cellule, liée fatalement à l'énigme des origines.

BIBLIOGRAPHIE

BONNIER. — Sur les prétendues plantes artificielles. (*Comptes rendus Acad. sc.* t. 144, 55 — 1907). — En marge de la grande guerre. Contre Pasteur, 1916.

Brucker. — Croissance et Différenciation. (*Bull. sc. de France et Belgique*, 1894).

Burnet. — Microbes et toxines (p. 65).

Hideyo Noguchi. — (*Actualité scientif.*, oct. 1913).

Leduc (S.). — Germination et croiss. de la cellule artificielle. (*Comptes rendus Acad. sc.* 24 juillet 1905, 7 janvier 1907). — Les bases physiques de la vie et la biogénèse, Paris 1896. — Théorie physico-chimique de la vie et générations spontanées, Paris, 1910.

Nicolle, Blaizot et Conseil. — (*Comptes rendus de l'Acad. sc.*, t. 155, 481 — 1912).

Ray (Julien). — Variations des Champignons inférieurs sous l'influence du milieu. (*Rev. génér., de Bot.*, t. 9, 193).

CHAPITRE VII

NUTRITION

Dans la plante artificielle décrite plus haut obtenue en jetant un cristal de chlorure de cuivre dans du ferrocyanure de potassium, nous avons vu un liquide vert circuler dans l'intérieur et contribuer, par sa turgescence, à provoquer l'allongement du tube cylindrique qui croît par le haut. Le végétal métallique est donc nourri par osmose et là également nous voyons, de suite, se manifester un deuxième caractère fondamental de la vie qui peut se retrouver dans un organisme résultant de phénomènes exclusivement chimiques. La nutrition n'est donc, pas plus que la croissance, l'apanage exclusif des êtres vivants. Il ne faut cependant pas méconnaître l'importance capitale de cette seconde caractéristique de la vie.

Prenons une graine en train de germer. Les racines plongent dans de l'eau que nous avons pu enrichir de sels variés. La plante sait extraire ces sels du milieu et les incorporer dans ses tissus ; elle les transforme et se les assimile ; en même temps, elle rejette au dehors (en transpirant, par exemple) certaines parties inutiles. C'est l'ensemble de ces phénomènes qui constitue la nutrition. L'examen des faits analogues qui se passent dans un globule de Levure de bière nous permet de préciser la synthèse qui se produit sous les yeux de l'observateur. S'il ensemence un globule de *Saccharomyces* dans un liquide sucré, il le voit bourgeonner en un point, le bouton ainsi formé grossit, ne tarde pas à égaler le globule initial et finalement se détache de lui. L'ancien globule et le nouveau bourgeonnent chacun à nouveau à leur tour et la multiplication des globules se fait ainsi avec une prodigieuse rapidité ; de sorte qu'au bout d'un certain temps, au lieu d'un globule initial, on a *n* globules. Le Dantec a traduit l'ensemble de ces phénomènes sous la forme d'une équation extrêmement simple et facile à comprendre :

1 globule de Levure + liquide sucré (aliment) = n globules de Levure + excreta.

En même temps que le globule primitif s'empare du sucre, il le métamorphose, l'incorpore dans sa substance, l'assimile ; cette assimilation se trahit par la multiplication des globules. Il se fait donc tout un travail de synthèse et de transformation, comme dans une machine dont on bourre le foyer de combustible pour l'alimenter ; l'énergie du charbon est transformée et assimilée et se manifeste par la mise en mouvement de l'appareil. Finalement, il reste dans le foyer des cendres, un reliquat, un excreta de l'opération.

La nutrition implique donc un mouvement perpétuel de construction, d'édification, suivant un plan défini avec les matériaux venus de dehors ; ce premier mouvement est compensé par un mouvement de destruction parallèle ; sous ces changements profonds de tous les instants, on constate l'immobilité apparente de la surface : il y a une sorte d'agitation sur place. On entrevoit ici le « tourbillon vital » dont parlait autrefois Cuvier. En somme, l'être vivant est une sorte de moule où affluent la matière et l'énergie.

Cette matière qui s'incorpore dans l'être vivant peut être solide, liquide ou gazeuse. Dans ce dernier cas, ce sera, par exemple, la prise d'oxygène et comme phénomène concomitant le rejet de gaz carbonique, sous forme d'excreta. Une expérience de M. Elfving met nettement en lumière ce rôle alimentaire de la respiration. Il nourrit des moisissures (*Penicillium*, *Briarea*) avec des aliments dont la constitution s'éloigne de celle de la substance vivante (formée surtout d'albuminoïdes, substances azotées, quaternaires, ayant C,O,Az,H comme éléments fondamentaux), par exemple de la mannite, de la dextrine, de l'acide malique. Puis il compare la respiration des cultures à la lumière et à l'obscurité. Il trouve que R_l = respiration à la lumière est double de la respiration à l'obscurité, R_o. Ce qui peut se traduire en écrivant : $R_l = \frac{1}{2} R_o$. En examinant le résultat de la synthèse alimentaire dans les deux cas, il remarque que l'on a parallèlement : $S_l = \frac{1}{2} S_o$, S_l correspondant à la synthèse ou à l'augmentation de substance sèche à la lumière et S_o la valeur correspondante de la synthèse à l'obscurité. Dans une seconde série d'essais, on modifie l'aliment et on emploie cette fois des substances qui se rapprochent des albuminoïdes, par exemple des peptones qui sont des matières azotées. Dans ce cas on trouve : $R_l = R_o$ et $S_l = S_o$.

Le parallélisme de la respiration et la synthèse se manifestent ainsi nettement. La synthèse est d'ailleurs parallèle à la croissance et on sait que, dans les conditions alimentaires normales de la plupart des végétaux, la croissance est plus forte à l'obscurité qu'à la lumière et l'obscurité accroît la respiration, la lumière la diminuant. Le lien de la respiration avec les matières azotées se trahit d'ailleurs par les expériences de M. Palladine qui a établi que $\frac{CO^2}{Az}$ = constante, à condition de n'envisager ici que l'azote actif, celui qui n'est pas soluble dans l'acide gastrique.

Les aliments, qu'ils soient d'ailleurs solides, liquides ou gazeux, sont incorporés à des doses variables, quelquefois même très petites, infinitésimales même ou homœopathiques. Cette notion très importante a été introduite dans la science par le célèbre travail de Raulin, élève tout à fait éminent de Pasteur; le liquide minéral dans lequel il élevait une moisissure (*Sterigmatocystis nigra*) lui fournissait, en six jours, dans une cuvette largement ouverte, analogue à celle dont se servent les photographes, le rendement de 25 grammes de poids sec; sa récolte équivalait au cinquième du rendement d'une bonne prairie naturelle. Le Champignon avait donc poussé avec une rapidité prodigieuse (en 6 jours) et Raulin n'avait pris aucune précaution pour la stérilisation du liquide. La matière alimentaire avait été si bien choisie, la nutrition était si puissante, que l'on pouvait braver la maladie. Cette étude si remarquable ouvre donc des horizons inattendus sur la question de la santé et son lien avec l'alimentation.

Cette connexion se manifeste d'une manière nette par la suppression d'un corps simple, le zinc, qui entre dans le liquide de Raulin sous forme de sulfate. Voici des chiffres saisissants : récolte avec zinc, 25 grammes; sans zinc, 2 gr. 5 on a une chute au $\frac{1}{10^e}$ de la récolte première. Or la quantité de sulfate de zinc est de 7 centigrammes, ou 32 milligrammes de zinc. Une pareille quantité infime supprimée amène une chute de récolte sèche de 22 gr. 5 sur 25, c'est-à-dire un poids de plante 700 fois supérieur au sien. Cela est d'autant plus singulier que la plante si sensible au zinc puise cet élément dans un liquide où il est à la dose homœpathique de $\frac{1}{50.000}$.

Les résultats obtenus avec le manganèse pour le même *Sterigmatocystis nigra* sont plus extraordinaires encore. M. Gabriel Bertrand a montré l'influence de ce métal à l'invraisemblable dilution de $\frac{1}{10.000.000.000}$. Voici les chiffres de son expérience :

POIDS SEC EN GRAMMES DE RÉCOLTES OBTENUES

Sans addition de Mn.	Après addition de		
	Un cent-millième de Mn.	Un milliardième de Mn.	Un décimilliardième de Mn.
0,66	1,69	1,30	1,11

On s'est demandé ce que signifiait l'intervention de si petites doses de certains éléments dans la croissance.

Deux théories ont été formulées. Certains auteurs n'admettent pas que de si faibles doses appartiennent normalement à la constitution du végétal; pour eux, ces éléments sont des substances accidentelles et toxiques, capables de produire une « excitation de croissance », lorsque la concentration devient inférieure à celle qui détermine les effets nuisibles.

M. G. Bertrand combat cette conception et lui oppose la théorie physiologique; ses expériences sur le manganèse lui paraissent un argument positif. Il tire un argument négatif contre la théorie de la toxicité par l'examen d'une substance nocive, l'argent, qui est un véritable poison. L'action défavorable de l'argent cesse simplement au-dessous d'une certaine limite, sans que son rôle activant apparaisse. L'influence toxique de l'argent se fait sentir pour une dilution de $\frac{M}{10^6}$; M. Bertrand a essayé les doses plus faibles jusqu'à $\frac{M}{10^{22}}$, toutes ont été inactives.

Duclaux, à la suite des travaux de Raulin, envisageait que le succès ou l'insuccès d'une grande entreprise culturale agricole pouvait dépendre de quelques éléments impondérables présents ou absents dans le sol. Il y a là, semble-t-il, un champ immense d'applications à l'Agriculture dans l'emploi des « infiniment petits chimiques ». M. Gabriel Bertrand a donné, en 1903, au Congrès de Chimie appliquée de Berlin les premières indications sur les recherches faites ou à faire sur les plantes de grande culture. Depuis cette époque, un nombre considérable de travaux (1) ont été entrepris sur la question des engrais catalytiques et on a vu certains métaux (manganèse, aluminium), l'acide borique, etc., augmenter une récolte de 20, 30 et 40 p. 100 et cela pour les plantes les plus variées.

Les notions que nous venons d'acquérir pour la nutrition des plantes sont évidemment applicables aux animaux et à l'homme. On a entrevu, dans ces dernières années, qu'il existe des substances agissant à des doses très faibles et qui sont indispensables cependant à l'entretien de la vie des adultes ou à la croissance des êtres jeunes.

Ces conceptions nouvelles ont été introduites dans la science par l'étude d'une maladie commune en Extrême-Orient et connue sous le nom de « béribéri ». On a constaté que cette affection apparaissait surtout dans les pays où le Riz est la base de l'alimentation : l'Indo-Chine, les Philippines, l'Archipel malais, l'Inde, le Japon, la Chine. Le mal se manifeste sous deux aspects : d'abord la forme paralytique,

(1) En France (par Boullanger, Grandeau, Lesage, Labergeric, Mazé, etc.), en Italie (Bellini, Bernardini, Giglioni, Passerini, Strampelli, etc.), en Angleterre (Holl, Voelcker), en Allemagne (Allmeyer, Clausen, etc.), en Bohême (Stoklasa), aux Etats-Unis (Kumer et Sullévan, Whitney, etc.), au Japon (Aso, Honda, Katayama, etc.), etc.

qui est la plus frappante, car les membres deviennent impuissants et le malade ne peut plus se mouvoir si les troubles s'accentuent (fig. 13 et 14) ; dans l'autre type de l'affection, c'est le cœur qui fonctionne mal,

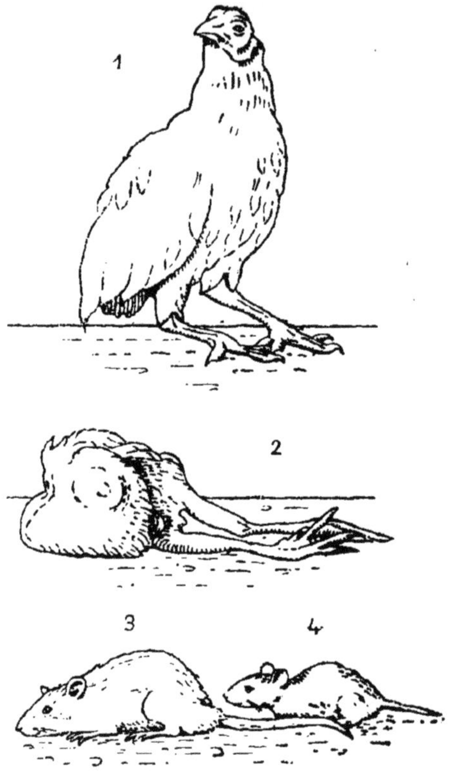

Fig. 13 à 16. — 1 et 2. Poule nourrie avec des grains de riz poli dépourvu de téguments, présentant les symptômes d'une polynévrite (polyneuritis gallinarum) (d'après Portier). — 3 et 4. Action des vitamines sur la croissance ; 15. Rat avec vitamine; 16. sans vitamines (d'après Massart).

amenant des œdèmes entre autres troubles. En 1897, M. Eykman, à la suite d'une enquête approfondie sur le béri-béri, est arrivé à se convaincre qu'il ne s'agissait pas d'une affection bactérienne, mais d'une maladie de la nutrition qui n'apparaît que parmi les populations se nourrissant de Riz poli; celles qui utilisent le Riz brut ou paddi sont, au contraire, complètement indemnes. Il donne la preuve expérimentale de ce résultat en nourrissant exclusivement des Poules avec du Riz poli, il leur communique ainsi une polynévrite (polyneuritis gallinarum) tout à fait étrange, se caractérisant par la perte de la propriété de se mouvoir, par le rejet de la tête sur le dos. En donnant à l'animal ainsi profondément atteint et sur le point de mourir une quantité infime d'écorce de Riz paddi, il le voyait revenir à la santé.

Les recherches de nombreux savants ont élargi progressivement ce problème, en montrant qu'on pouvait arriver à de semblables effets, non seulement avec le Riz, mais avec les Céréales, les Légumineuses également décortiquées (Weil et Mouriquand, 1914). M. Funk (de Londres, 1911) chercha à découvrir dans ces téguments des graines le principe qui avait un effet si extraordinaire pour le maintien de la vitalité et pour le retour à la santé de l'homme ou des animaux. Par des traitements chimiques très complexes (traitement par l'alcool saturé d'acide chlorhydrique, suivi d'évaporation, hydrolyse par l'acide sulfurique à 20 p. 100, précipitation par l'acide phosphotungstique, enfin traitement par le bichlorure de mercure) il a fini par extraire de 50 kilogrammes de paddi 4 décigrammes d'une substance à laquelle il a donné le nom de « vitamine ». Il n'est pas parvenu à isoler ainsi un composé chimique bien rigoureusement défini, mais qui paraît se rapprocher des bases pyrimidiques, notamment de la thymine (1), qui corres-

(1) On lui donne comme formule $\begin{array}{l} \text{Az H} \\ \;| \quad \backslash \\ \text{CO} \quad (C^{16} H^{18} O^{6}) \\ \;| \quad / \\ \text{Az H} \end{array}$, voisin des bases pyrimidiques (thymine $\begin{array}{lcl} \text{Az H} & - & \text{CO} \\ | & & | \\ \text{CO} & & \text{C} - \text{CH}^3 \\ | & & \| \\ \text{Az H} & - & \text{C} \end{array}$.

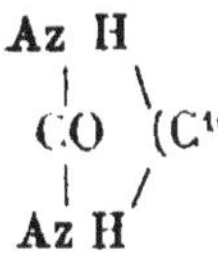

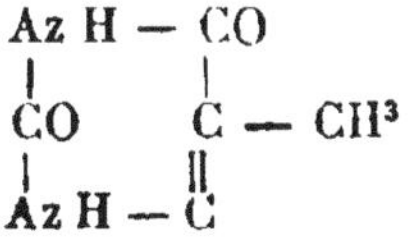

pond à un des groupes des substances du noyau (cytosine, uracile).

Vient-on à administrer quelques milligrammes de cette vitamine à un Pigeon atteint de polynévrite grave et sur le point de mourir, on constate une amélioration rapide : l'animal qui était paralysé marche et vole ; les accidents peuvent reparaître et la mort finalement survenir ; mais, si l'animal est pris à temps, il peut guérir. Il manquait donc quelque chose à l'animal (*carere*, manquer), d'où le nom de maladie de carence. M. Funk appelle cette matière qui fait défaut « un élément vital de croissance », une substance vitale, « un ferment excitant de la croissance ».

Ce sont là, on le conçoit aisément, des notions très nouvelles et. Il y aurait des substances qui seraient essentielles à la vie, qui agiraient sur la croissance comme un ferment. Ce mot peut être compris sous deux sens : ferment figuré ou ferment soluble. Un tel mode d'action impliquerait l'idée d'une matière infinitésimale se comportant soit comme une diastase, soit comme une Bactérie. On entrevoit ainsi comment l'idée des symbiotes a pu venir à l'esprit de M. Portier, thèse non établie d'ailleurs, d'après laquelle il existerait dans les téguments des graines mentionnées plus haut (Riz, Céréales, Légumineuses, etc.) des Bactéries plus ou moins dégénérées par la vie en association qui produiraient les vitamines ou leur seraient identiques.

On a signalé une autre vitamine à laquelle on a donné le nom de vitamine antiscorbutique, parce que son absence produit le scorbut, maladie qui est fréquente chez les marins, les voyageurs qui ne se nourrissent que d'aliments stérilisés dans des boîtes de conserves, chez les enfants (maladie de Barlow) nourris de lait stérilisé ou industrialisé. Les recherches de M. Gryns (1901-1909), de MM. Holst et Frölich (1909), de MM. Weil et Mouriquand (1916) ont établi que des aliments exclusivement stérilisés, produisaient des lésions des os, des troubles trophiques des téguments analogues à ceux qu'on observe dans le scorbut. Ces phénomènes ont pu apparaître chez des Oiseaux nourris exclusivement de graines cortiquées, mais soumises pendant 30 minutes à la température de 120° ; le même résultat a été constaté chez des Lapins alimentés de Choux, de Pommes de terre, de Betteraves, chez des Chats nourris de viande, à la condition que tous les matériaux nutritifs fussent stérilisés à 120°. De pareilles constatations excluent nettement l'idée d'une maladie infectieuse.

La vitamine antibéri-bérique existe dans les téguments des graines (Céréales, Légumineuses), elle se retrouve dans la Levure de bière ; c'est un principe assez stable qui résiste facilement à 110°, mais est détruit à 120° ; cette vitamine a été identifiée avec le facteur B (soluble dans l'eau) des Américains qui a été étudié dans la croissance des Rats (fig. 15 et 16).

La vitamine antiscorbutique a été trouvée dans les légumes frais, dans les fruits acides, pas tout à fait mûrs, dans le jus de citron, dans les Crucifères (qui sont les plantes antiscorbutiques par excellence) ; elle n'a pas les mêmes propriétés que la première vitamine, elle ne résiste pas à la dessiccation et est détruite par une température peu élevée, 100° pendant quelques minutes.

Les auteurs américains ont discerné une troisième vitamine, qu'ils désignent sous le nom de facteur A de croissance ou facteur soluble dans les graisses, dans les parties vertes des plantes. Ce n'est d'ailleurs pas dans toutes les graisses qu'il a été signalé : dans les graisses des viscères, du péricarde, du péritoine, dans les graisses périglandulaires. Dans le lait, c'est le beurre qui contient la vitamine ; on la retrouve dans le foie de la Morue ; ce principe manque, au contraire, dans le saindoux, dans les graisses de couverture.

Le facteur B est soluble dans l'eau et aussi dans l'alcool. On le retrouve dans la Levure de bière, dans le jaune d'œuf, dans l'embryon de Blé. Ce sont surtout les recherches de M. Mac Collum (1915) qui ont dissocié les deux facteurs A et B.

Lors de la délivrance de Lille, en 1918, les médecins alliés furent frappés de phénomènes de déchéance physiologique qui se manifestaient sur la population de cette ville qui, pendant les deux années de l'occupation allemande, avait pâti d'une alimentation tout à fait déplorable et insuffisante, la ration étant formée exclusivement de végétaux. C'était chez les adolescents en voie de croissance que l'état misérable se manifestait surtout : les jeunes gens de quatorze ans n'atteignaient pas leur taille normale et avaient l'air d'en avoir dix.

Tout récemment (1914-1917), enfin, M. Bottomley a cru pouvoir isoler une vitamine susceptible de servir à la croissance des plantes : il lui a donné le nom d'auximone. Sa composition chimique reste indéterminée et c'est dans l'extrait de tourbe bactérisée qu'elle existe. Il a appliqué à ce produit les procédés d'extraction de M. Funk ; il a obtenu un principe actif qui contribue à favoriser la croissance du *Lemna minor* et de *l'Azotobacter chrococcum*. Ces derniers résultats ont été critiqués par M. Lumière (1920). Il a vu que des cultures de Champignons en milieu très pauvre (tartrate d'ammoniaque et glycérine) se comportent bien mieux par l'addition de quelques gouttes d'une infusion de raisins secs. M. Lumière objecte que si la substance ajoutée contient des vitamines, elle contient aussi des sels, des matières protéiques, des hydrates de carbone et il lui paraît abusif d'attribuer l'effet aux vitamines. Il a constaté qu'un grand nombre de produits chimiques définis, minéraux et organiques étaient susceptibles, en proportion minime, de fournir les mêmes effets que les infusions de raisin sec. Des extraits organiques chauffés jusqu'à 250° conservaient leurs propriétés fertilisantes quand on les ajoutait aux milieux tartro-glycérinés. Il lui paraît difficile d'admettre que les vitamines puissent résister à cette température.

En somme et malgré ces critiques, la question des vitamines ouvre des horizons nouveaux à la physiologie ; malheureusement leur nature reste inconnue et on conçoit que l'on ait senti la nécessité de fonder les principes de l'alimentation sur des données plus précises surtout pendant la guerre mondiale, alors que le problème du ravitaillement prenait une importance de premier ordre. A l'une des séances de la commission d'alimentation organisée par le gouvernement français, M. Lapicque a proposé la règle suivante pour l'alimentation azotée : un gramme d'albuminoïde par kilogramme de poids corporel et par jour, les albuminoïdes étant pratiquement mesurés par leur teneur en azote multipliée par 6,25. Le travail ne requiert aucune dépense supplémentaire d'albuminoïdes ; seuls les organismes en voie de croissance (enfants, femmes grosses ou nourrices) doivent être surveillés au point de vue de leur alimentation azotée : les albumines végétales employées d'une manière exclusive peuvent risquer d'être insuffisantes (1).

D'après les recherches de l'école américaine, les matières albuminoïdes nécessaires à l'organisme n'interviennent pas tant par leur composition globale que par les acides animés qui entrent dans leur constitution. Selon M. Lapicque « la question des vita-« mines se ramène à celle de certains acides aminés (2) « et pratiquement les besoins en vitamines sont « toujours assurés. »

M. Gley a confirmé ces données car, selon lui, il y a peu d'usure des substances azotées de l'organisme

(1) Voir ce qui a été dit plus haut à propos de Lille.

(2) Ce sont probablement des substances analogues ,mais non identiques.

et les éléments que l'animal a besoin de trouver dans sa nourriture sont du tryptophane, de la lysine, (résultats de l'école américaine). Sans tryptophane, il perd de son poids ; sans lysine, sa croissance s'arrête. On peut ajouter à cette liste d'acides aminés utiles, l'arginine et l'histidine. Voici, par exemple, un type d'expériences démonstratives. Un chien très amaigri par un jeûne de 21 jours reçoit comme aliment de la caséine débarrassée de tryptophane ; en 10 jours, l'animal perd 1.400 grammes. On lui donne ensuite de la caséine dégradée à laquelle le tryptophane a été enlevé, on voit un résultat dans le même sens ; ajoute-t-on, au contraire, le tryptophane, le poids remonte (Abderhalden, vérifiée par Willcock et Hopkins, par Osborne et Mendel). Le rôle de la lysine s'établit par des expériences plus délicates : l'hordéine de l'Orge, la gliadine du Froment sont pauvres en tryptophane, malgré cela elles sont aptes à maintenir le poids des animaux, mais ces substances sont inaptes à assurer la croissance. La croissance reprend quand on ajoute la lysine (Osborne et Mendel).

Les études que nous venons de brièvement résumer nous font entrevoir le caractère mystérieux de la nutrition et le rôle prépondérant qu'y jouent certains éléments. Cependant parfois la nutrition est complètement supprimée, sans que la mort s'en suive (vie latente) : les échanges respiratoires sont abolis (Paul Becquerel) pour des graines de Pois deshydratées par un séjour de trois mois dans le vide, avec de la baryte caustique à 45°, ou conservées un an dans l'azote ou deux ans dans le vide.

Si l'absorption d'oxygène, le dégagement de gaz carbonique sont abolis, dans le cas précédent, sans qu'il y ait mort, inversement les échanges gazeux peuvent continuer à se produire dans une plante qui a certainement cessé de vivre. C'est là une expérience très curieuse réalisée d'abord par Berthelot et André (contrôlée par Paul Becquerel). On maintient des feuilles de Blé dans un bain d'huile à 110° ; leurs tissus profonds subissent certainement une température dépassant celle de l'ébullition, cependant l'absorption d'oxygène, le dégagement de gaz carbonique continuent. Mais c'est un phénomène purement chimique, que l'on a comparé au rancissement des huiles.

Cette expérience donne l'idée d'une évolution chimique se produisant dans l'organisme, qui accompagne d'ordinaire la vie, mais qui peut lui survivre. En fait, l'évolution chimique est à la base de mécanique vitale; c'est elle qui organise la matière et l'énergie par des transformations de plus en plus compliquées.

Cette chimie est-elle distincte? Y a-t-il pour la matière vivante une chimie spéciale? On le croyait autrefois. « On était généralement convaincu, disait « récemment M. Moureu, dans le discours sur Lavoi« sier qu'il a prononcé, en 1919, à l'inauguration de « l'Université de Strasbourg, que les substances spé« ciales que l'on rencontre dans les organes des ani« maux et des végétaux, y prennent naissance sous « l'action d'une force particulière, la force vitale et « que jamais l'homme ne parviendrait à les repro« duire de toutes pièces, en partant de corps simples « qui les constituent. » Il a rappelé le premier assaut victorieux de Woehler qui, en 1828, parvint à fabriquer l'urée, à l'aide du cyanate d'ammoniaque. C'était là une expérience mémorable, malheureusement elle n'eut qu'une faible influence sur l'évolution des idées scientifiques. Ce qui le prouve bien c'est qu'en 1849 parut le grand ouvrage de Berzélius (publié après sa mort) dans lequel il disait : « Dans la nature vivante, les éléments « paraissent obéir à des lois tout autres que dans « la nature inorganique. Si l'on parvenait à trou« ver la cause de cette différence, on aurait la clef « de la théorie de la chimie organique ; mais cette

« théorie est tellement cachée que nous n'avons « aucun espoir de la découvrir, du moins quant à « présent ». Il était réservé à Berthelot d'établir nettement que la prétendue barrière entre l'organique et l'inorganique n'existait pas. En 1854, il fabriqua l'alcool ; en 1855, l'essence de moutarde ; en 1856, l'acide formique ; en 1857, l'alcool méthylique ; en 1862, l'acétylène ; en 1866, la benzine ; en 1867, l'acide oxalique. « Pour accomplir la synthèse d'un corps au moyen de ses produits de décomposition, disait Berthelot en 1860, il suffit de renverser le jeu des forces que l'analyse a mis en évidence. » (Leçon professée à la Société chimique de Paris, 16 mars 1860). Depuis ces grandes découvertes, Berthelot a eu beaucoup de continuateurs et les chimistes sont arrivés à fabriquer artificiellement l'acide tartrique, l'alizarine, l'indigo, la vanilline, la conicine, la cocaïne, le glucose, le levulose, les sucres de fruits, la caféine, la théobromine, le camphre, l'atropine, la nicotine. Enfin depuis 1901 à 1914, E. Fischer a recherché la synthèse des albuminoïdes, travail qui n'est qu'ébauché. Faut-il dire avec Pflüger que le jour où la synthèse des albuminoïdes serait réalisé « le mystère de la vie serait découvert ? » C'est peut être aller vite en besogne. Malgré cela on conçoit que M. Moureu ait pu s'écrier : « Les résultats pratiques ont suivi « ces magnifiques travaux. C'est sous leur impul- « sion qu'a été créée l'industrie si puissante des « composés organiques. Où en serait aujourd'hui « la fabrication des médicaments chimiques, des « parfums synthétiques et des matières artificielles si « quelques hardis pionniers ayant eu foi dans l'unité « des forces de la nature n'avaient tenté de rivaliser « avec elle jusque dans les productions de la cellule « vivante. »

BIBLIOGRAPHIE

Bottomley. — (*Proc. Roy. Soc. London*, t. 88, 237, — 1914 ; t. 89, n° 621, — 1917).

Eykman. — Eine Beriberi ähliche Krankheit der Hühner (*Arch. Virchow*, t. 148, 187).

Elfving. — Studien über die Einwirkung des Lichtes auf die Pilze, Helsingfors, 1890.

Funk. — (*Journ. of Physiology*, t. 45, 77 ; t. 46, 177).

Funk and Mac Callum. — (*Journ. of Biol. Chem.*, t. 27, 413, — 1915 ; t. 27, — 1916).

Lebard. — Les Vitamines (*Office international d'hygiène publique*, 78 p. oct. 1920).

Le Dantec. — Théorie nouvelle de la vie.

Linossier. — (*Comptes rendus soc. biol*, avril 1919, mars 1920).

Lumière. — (*Comptes rendus de l'Acad. sc.*, t. 171, 271, — 1920).

Mockeridge. — (*Proc. Roy. Soc. London*, t. 89, 508, — 1917).

Palladine. — (*Rev. gen. bot.*, t. 8, 225, — 1896).

Portier. — Les symbiotes, 1918.

Weil et Mouriquand. — (*Rev. de Médecine*, janv. n° 1-2, — 1916). L'alimentation et les maladies de carence, Paris, 1919.

CHAPITRE VIII

ORGANISATION

L'organisation est le troisième caractère des êtres vivants que nous avons à examiner. Dans la seconde moitié du XVIIe siècle, peu de temps après l'invention du microscope par les frères Hans et Zacharias Janssen, un certain nombre de savants cherchèrent à utiliser ce précieux instrument pour scruter la constitution intime des plantes. C'est ainsi que, dès 1660, le physicien Robert Hooke, après avoir perfectionné le microscope, examina la constitution du liège et le vit composé de petits compartiments. Peu de temps après, Nathaniel Hanshaw coupa une branche de Noyer et y reconnut la présence de vaisseaux spiralés. Des communications furent faites presque simultanément à la Société royale de Londres par Grew et Malpighi, en 1671, dans lesquelles ils étudiaient les végétaux, les comparaient aux animaux et constataient qu'ils étaient composés d'utricules (Malpighi, 1681) ou de vésicules (Grew, 1682).

La cellule était découverte et l'importance de cette acquisition de la science devait s'affirmer au XVIIIe et surtout au XIXe siècle. L'existence générale, universelle de ces petites loges dont étaient composés les êtres vivants amena Schwann, en 1839, à formuler les trois lois suivantes :

1° Tous les êtres vivants sont formés de cellules. 2° Tout être vivant produit des cellules. 3° Tout être vivant commence par être une cellule.

En fait, ce que l'on avait aperçu tout d'abord, lors des premières observations de Grew et de Malpighi, c'était la paroi de la boîte qui emprisonnait l'être renfermé dans le compartiment, mais il fallait mieux définir ce dernier, c'est-à-dire la partie vivante. Un gros granule occupant souvent le centre de la cellule avait été signalé, en 1831, par Robert Brown, chez les Orchidées ; c'était le noyau, qui avait déjà été entrevu chez les animaux, en 1781, par Fontana. Il restait à découvrir la matière vivante proprement dite, elle fut désignée par Dujardin sous le nom de sarcode, en 1835 ; mais ce mot n'a pas survécu ; le nom de protoplasma inventé par Purkinge en 1840 a triomphé et s'est imposé. Chez les plantes, cette matière a été entrevue à un stade tardif de l'évolution de la cellule par Hugo Mohl qui, en 1846, l'appela utricule protoplasmique.

Si l'on envisage une cellule végétale jeune, celle qui existe par exemple au voisinage de l'extrémité d'une racine ou d'une tige, on remarque que le compartiment formée par la membrane de cellulose ($C^6 H^{10} O^5$) [une substance qui n'a qu'un dissolvant, le liquide de Schweizer ou cupro-ammoniacal (1)], est complètement rempli par le protoplasma ; mais la cellule grandit, des vacuoles remplies de suc cellulaire apparaissent et le protoplasma se divise en trois parties, le protoplasma périnucléaire au milieu, le protoplasma pariétal contre la paroi et le protoplasma trabéculaire qui établit les connexions entre

(1) Que l'on obtient en faisant passer de l'ammoniaque sur de la tournure de cuivre. Ce réactif (ammoniure de cuivre, bleu) dissout le papier et passe au travers un filtre troué parce que le papier à filtre est formé de cellulose.

les deux. C'est à cet état que les mouvements sont le plus accusés, affirmant ainsi qu'il s'agit d'une substance vivante (1). Mais les vacuoles grandissant, les trabécules s'amincissent, puis se rompent, les vacuoles se confondent et bientôt il n'en reste plus qu'une occupant tout le centre de la cellule, le noyau ayant été rejeté dans le protoplasma pariétal. C'est cette phase qui a été signalée par Hugo Mohl et c'est à ce stade que la mince couche de matière vivante a été signalée pour la première fois.

L'identité du protoplasma des animaux et des plantes a été affirmée avec netteté par Franz Unger en 1855, puis par Max Schulze, en 1863, en établissant l'accord de la constitution interne de la cellule végétale avec celle des Rhizopodes.

La formation des cellules a été longtemps inexactement décrite. En 1759, Wolf croyait que dans un tissu jeune les cellules naissaient dans la substance gélatineuse comme les bulles gazeuses dans la pâte en voie de fermentation et, encore en 1859, cette vieille conception était enseignée par Dippel pour la formation de l'albumen dans l'ovule après la fécondation.

La division du noyau, qui est le phénomène primordial de la division cellulaire, avait été d'abord mal décrite. Reimak croyait que cet élément se divisàit au milieu. En 1867, Wilhelm Hofmeister (2) avait aperçu que le noyau (*Psilotum*) s'évanouïssait dans la cavité cellulaire, qu'il y avait séparation des parties albumineuses les plus riches du protoplasma. Les particularités si curieuses de la division indirecte restaient toujours ignorées. Une première indication du processus karyokinétique se trouve mentionnée

(1) *Ewart*. On the physics and physiology of the protoplasmic streaming in Plants (*Proceed. Roy. Soc.* t. 69, p. 456). La vitesse des mouvements protoplasmiques dépend de la viscosité; elle est indépendante de l'osmose, de la pesanteur.

(2) Lehre von der Pflanzenzelle.

au cours d'un travail de Schneider de 1873, dans une recherche qui avait porté sur un Plathelminthe, le *Mesostomum Ehrenbergii*. En 1874, Strasburger entrevit avec beaucoup plus de précision le mécanisme compliqué de la division nucléaire dans les cellules

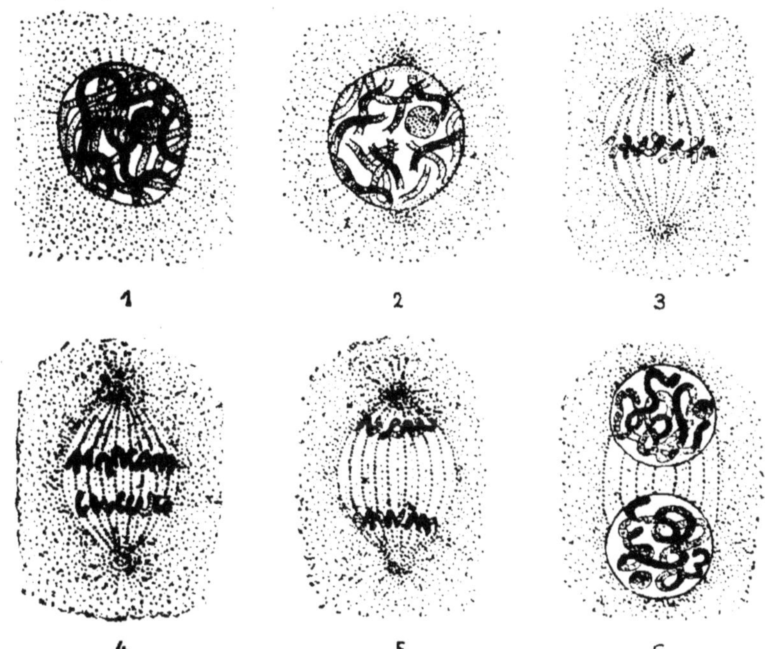

Fig. 17 à 22. — Stades successifs de la division du noyau. 1. Irradiation des granules protoplasmiques autour du noyau qui convergent vers le centre. 2. Les granules convergent maintenant vers deux pôles situés aux deux extrémités d'un diamètre du noyau. 3. La membrane nucléaire a disparu, les granules s'orientent suivant deux cônes, les anses sont groupées à l'équateur. 4. Chaque anse se fend en deux et chaque moitié s'oriente vers le pôle. 5. Ce mouvement vers le pôle est plus accusé. 6. Deux noyaux filles sont formés, entourés chacun d'une membrane nucléaire, phase tonnelet.

basilaires issues de la division de l'œuf du *Picea vulgaris*. Cette remarquable découverte devait être le point de départ d'un nombre immense de recherches qui montrèrent que partout chez les êtres vivants, animaux et végétaux, le phénomène s'opère avec les mêmes phases et la même complication (parmi les noms des savants méritant d'être mentionnés à ce propos, avec celui de Strasburger, on peut indiquer ceux de Flemming, M. Guignard, etc.).

La succession des stades est bien connue : une irradiation des granules protoplasmiques se produit tout autour du noyau (fig. 17) qui convergent d'abord vers le centre, puis vers deux pôles (fig. 18). Le peloton chromatique qui était enroulé sur lui-même d'une manière peu distincte (spirème) se contracte et se fragmente en un nombre déterminé d'anses qui ne tardent pas à se condenser en se contractant (prophase) vers l'équateur de la figure qui correspond aux deux pôles mentionnés plus haut. Le membrane nucléaire s'évanouit, le protoplasma fait irruption dans le noyau et les granules achromatiques s'orientent des pôles aux anses chromatiques groupées à l'équateur (fig. 19). La figure d'ensemble est celle de deux cônes opposés qui seraient réunis par leur base au milieu de la cellule (métaphase). A ce moment, chaque anse chromatique se fend longitudinalement et les deux moitiés se séparent et commencent à glisser les unes le long des génératrices achromatiques du cône supérieur, les autres le long de celles du cône inférieur. S'il y avait *n* anses chromatiques au début, il y a maintenant *n* moitiés qui se dirigent vers un pôle et *n* autres moitiés se rapprochant de l'autre pôle (fig. 20 et 21). Ces deux groupes d'anses filles se rapprochent, se condensent, se rajustent par les extrémités, reconstituent deux pelotons ; le tout s'entoure d'une jeune membrane nucléaire (fig. 22). Deux noyaux sont constitués qui restent réunis par des files de granules achromatiques de sorte que la figure rappelle une sorte de tonnelet. Ce tonnelet s'aplatit, il se renfle dans sa partie médiane, et tend à s'élargir transversalement, de manière à se rapprocher des parois latérales de la cellule. Les granules se multiplient à l'équateur, d'abord protoplasmiques ils ne tardent à s'imprégner tout à coup et, en général, simultanément de cellulose (pour les végétaux) et d'un seul coup la membrane hydrocarbonée se montre; les deux cellules sont maintenant distinctes. Le phénomène de division est terminé, une cellule a donné deux cellules par karyokinèse.

La régularité, la complication de tous ces stades de l'évolution nucléaire qui se succèdent toujours dans le même sens, l'universalité du phénomène chez tous les êtres vivants atteste qu'il s'agit de quelque chose de très important; ces résultats établissent que le noyau est l'élément fondamental de la cellule.

Bien que de constitution en général uniforme, le noyau peut présenter des variations notables. M. Molisch a décrit dans les laticifères (*Musa*, Aroïdées, Houblon) des noyaux vésicules qui se multiplient par étranglement ou par division directe (ou amitose, par opposition à la mitose ou karyokinèse). Il a également vu des noyaux filamenteux (chez les Amaryllidées), pouvant atteindre 1.500μ de long, des noyaux géants (*Aloes*) mesurant 52 à 80μ de long sur 20 à 46μ de large.

L'importance physiologique du noyau a été nettement mise en lumière par les expériences de sectionnement (mérotomie) des cellules des animaux et des végétaux inférieurs. Nussbaum a sectionné des Radiolaires (*Thalassicola*), des Infusoires en un fragment pourvu de noyau tandis que l'autre en était dépourvu; seules les parties contenant le granule nucléaire sont aptes à survivre et à reproduire un être semblable à celui qui a servi de point de départ. Balbiani a répété ces expériences sur les Infusoires, en leur faisant ingérer des grains de violet d'alizarine et l'on voit se produire, dans les vacuoles des fragments nucléés, le virage dû à l'acidité. Le virage s'arrête rapidement dans les parties dépourvues de noyau et si ceux-ci ingèrent de nouveaux grains le phénomène précédent ne commence même plus. Avec un Infusoire cilié holotriche, le *Lacrymaria olor*, on peut suivre aisément tous les phénomènes de mérotomie, parce que la forme générale du corps est celle d'une bouteille et c'est dans la partie ventrale que se trouve le noyau. Comme cet animal est suffisamment gros, on peut arriver à couper le col en un ou plusieurs fragments et la partie pansue, nucléée, se reconnaît aisément. Immédiatement après l'action traumatique, tous les fragments, quels qu'ils soient, se mettent à tournoyer autour de leur axe avec rapidité. Mais cette suractivité est éphémère et bientôt les mouvements des cils vibratiles redeviennent normaux ; ils persistent pendant un jour dans les fragments énucléés puis la destruction se produit. Le segment ventru nucléé survit, se régénère et reproduit un nouvel animal.

Claude Bernard plaçait dans le cytoplasma le siège des phénomènes de dépense et considérait le noyau comme l'organe de synthèse : « Il semble, disait-il, que la cellule qui a perdu son noyau soit stérilisée au point de vue de la génération, c'est-à-dire de la synthèse morphologique, et qu'elle le soit aussi au point de vue de la synthèse chimique : car elle cesse de produire des principes immédiats et ne peut guère que détruire ceux qui y étaient accumulés par une élaboration antérieure du noyau. Il semble donc que le noyau soit le germe de nutrition de la cellule : il attire autour de lui et élabore les matériaux nutritifs. »

M. Henneguy envisage que toute cellule qui perd son noyau présente le caractère de sénescence, c'est-à-dire qu'elle perd la faculté de se reproduire. L'exemple des globules rouges est typique : chez l'embryon, ils ont la constitution d'une véritable cellule, ils ont un noyau et se divisent par karyokinèse; chez l'adulte et même chez les jeunes, ils sont sans noyau, bien qu'ils restent cependant vivants, ils ont perdu la propriété de se reproduire.

Les recherches de mérotomie ont été faites également par Waller sur les cellules nerveuses; il remarque que les parties protoplasmiques, séparées du noyau, se désorganisent et disparaissent quelques jours après leur isolement. Longet constate que les parties protoplasmiques isolées sont excitables; nous avons vu plus haut qu'elles sont capables de mouvement, mais après un certain délai, la mort ne tarde pas à survenir. Le Dantec fait remarquer que les blessures d'un Infusoire énucléé ne cicatrisent pas leur cuticule, et, dans le cas d'un Rhizopode, la membrane ne s'imprègne pas de calcaire, d'après Verworn. Il y a un changement de la tension superficielle dans un amibe sans noyau, car il n'adhère plus aux corps étrangers et devient incapable de les entourer pour les digérer; l'absence du noyau n'empêche pas la continuation de l'activité vitale, mais, en l'absence de cet élément régulateur, la composition chimique du protoplasma ne demeure pas constante.

Voici, d'après Balbiani, les fonctions dépendant uniquement du protoplasma : d'abord différentes formes de mouvements (ciliaire, d'ingestion et d'expulsion de l'excreta, de pulsation de la vésicule contractile, de constriction du corps), ensuite la faculté d'orientation pendant la progression. Les fonctions exercées à la fois par le noyau et le protoplasma sont les sécrétions cellulaires (suc acide des vacuoles, production de la cuticule et des sucs digestifs), la reconstitution de la forme générale du corps, enfin les stades de la division.

On s'est demandé si le noyau seul, sans protoplasma, était susceptible de survie. Les expériences de M. Pénard sur les Difflugies indiquent que non et il constate même que le noyau dépourvu de protoplasma se détruit plus vite que le protoplasma seul. M. Demoor, en opérant sur les Spirogyres, emploie la technique suivante : il fait agir certains agents comme le chloroforme, le paraldéhyde, l'hydrogène, le gaz carbonique; il observe que le noyau résiste plus longtemps que le cytoplasma à ces agents destructeurs, il peut présenter les phénomènes de karyokinèse, mais sans apparition de la cloison de cellulose.

Prowazek, dans ses études sur la Biologie cellulaire, a cherché à vérifier si réellement le cytoplasma seul peut continuer à vivre sans noyau, ce dernier étant l'organe central des processus d'oxydation et de nutrition; selon lui, les parties de protoplasma séparées des cellules où le noyau est mort peuvent prolonger leur vie pendant un certain temps et continuer à être le siège de différents phénomènes physico-chimiques, que l'on peut révéler avec le rouge-neutre.

M. Dangeard a étudié cette question à l'aide d'une méthode différente. Il remplace la mérotomie par la caryophagie. C'est le *Nucleophaga* qui pénètre dans le noyau de l'amibe (*Amœba verrucosa*) et la suppression de ce dernier se fait progressivement sans secousses; l'individu attaqué se réduit au protoplasma, ou du moins la plus minime partie du noyau suffit pour entretenir la vie. L'amibe énucléée continue à émettre des pseudopodes, elle ingère avec facilité les substances solides. Ainsi donc, d'après cet exemple, on voit que l'activité locomotrice subsiste, la nutrition continue. M. Dangeard a observé un autre phénomène curieux, ce qu'il a appelé le caryophysème des Eugléniens (*Euglena deses*) où le noyau subit une hypertrophie considérable, car il peut atteindre les deux tiers du volume de la cellule. Les chloroleucites deviennent incolores, il apparaît des granules rougeâtres à aspect d'excreta; la cellule continue ses mouvements pendant plusieurs semaines, mais ne se divise plus. Le noyau normal est en biscuit, à nucléole unique ou fragmenté. Au début de la maladie, le nucléole est remplacé par une vacuole à corpuscules, la masse nucléaire devient réticulée, la chromatine est condensée à la surface en calottes minces, irrégulières. Une zooglée occupe le noyau, rappelant une Bactérie, notamment l'*Ascococcus Bilrothii*, c'est ce que M. Dangeard appelle *Caryococcus hypertrophicus*. Dans ce cas, la nutrition holophytique cesse par destruction du pigment vert, mais la nutrition saprophytique continue. Ce sont, comme on le voit, des résultats assez différents de ceux des auteurs précédents, les conditions de l'expérience sont d'ailleurs tout à fait dissemblables.

M. Klebahn a vérifié quelque chose d'analogue dans un cas de parasitisme : des filaments d'*Ædogonium* attaqués par un *Lagenidium Sycytiorum* lui ont permis de constater la division du noyau; la croissance n'est pas entravée, mais la formation de la membrane cesse.

Les feuilles de *Funaria hygrometrica* dans leurs parties dépourvues de noyau sont incapables de produire de l'amidon; malgré cela, elles sont aptes à assimiler. M. Haberlandt est parvenu à établir le rôle de la chlorophylle à l'aide de la méthode des Bactéries d'Engelmann, mais l'amidon n'apparaît pas.

Les recherches de M. Demoor sur l'individualité fonctionnelle du protoplasma et du noyau sont intéressantes (poils staminaux de *Tradescentia*). La division indirecte du noyau continue quand le cytoplasma est déjà immobilisé. Le noyau est capable de vie anaérobie.

M. Gerassimoff a opéré sur des cellules végétales (Spirogyres) en isolant par plasmolyse dans le saccharose à 16 ou 25 p. 100 des fragments sans noyau; il parvient au même résultat par le froid. La moitié sans noyau demeure assez longtemps vivante, en état d'assimiler et de former de l'amidon ; si elle est à l'abri de la lumière, l'amidon qu'elle renferme disparaît, mais il ne se forme pas de membrane d'accroissement. Selon cet auteur, l'accroissement est moindre, les courants protoplasmiques sont à peine sensibles et la faiblesse organique se révèle par la facile invasion des Bactéries. Grâce au froid, M. Gerassimoff est arrivé à séparer deux sortes de cellules : les unes complètement isolées du noyau, les autres réunies par un petit pertuis avec l'organe dans lequel se trouve l'élément nucléaire. Dans ce dernier cas, les bandes chlorophylliennes se maintiennent ; leur croissance est même énergique, l'influence du noyau se fait encore sentir. Dans les compartiments de la première catégorie, les bandes vertes sont d'abord régulièrement distribuées, mais avec le temps, la coloration diminue ; l'accroissement reste faible, les parois latérales sont peu extensibles, tandis que les cloisons transversales restent minces et, par suite de la turgescence de la logette, elles font saillie dans les cellules voisines ; ce phénomène s'atténue bientôt, les parois transversales finissent par s'incurver en sens inverse (par déturgescence), bientôt cet élément meurt. Il arrive parfois, au contraire, que des compartiments nucléés emprisonnent deux noyaux, il y a excès de substance nucléaire ; alors la croissance est active en longueur et même en épaisseur, ce phénomène est surtout accusé en face des noyaux, la cellule prend la forme d'un tonneau ; les parois croissent d'abord plus que les bandes vertes qui sont un peu en retard, mais leur croissance reprend et on voit la relation qui s'établit avec la partie nucléaire, car c'est surtout au voisinage qu'elles sont développées. Il se manifeste ainsi un lien entre l'augmentation du volume du noyau et celui de la cellule. MM. Marchal ont vérifié une connexion semblable par une méthode très différente (bouturage de la soie des Mousses).

Le lien de l'épaississement de la membrane avec le noyau, qui a été signalé par M. Haberlaudt, se manifeste également dans le cas des rhizoïdes de *Marchantia* où tous les fragments protoplasmiques nucléés et non nucléés restent réunis par un fin trabécule cytoplasmique ; dans ce cas, la membrane cellulosique apparaît autour de tous les fragments. De même, dans un poil foliaire de *Cucurbita* qui a quelquefois des fragments dépourvus de noyau ; s'ils s'entourent de cellulose, c'est qu'ils étaient reliés par de fins trabécules protoplasmiques à travers la membrane à des fragments pourvus de noyau (Townsend, 1897) (1).

Le fait que nous venons de citer établit l'importante question des communications protoplasmiques (plasmodesmes) étudiées par Gardiner, Kienitz Gerloff, Strasburger. Lorsqu'on greffe une plante sur une autre, un *Abies nobilis*, par exemple, sur un *Abies pectinata*, on voit des communications protoplasmiques s'établir entre le greffon et le sujet. Cette remarque jette une lueur sur des phénomènes insoupçonnés qui se passent à l'intérieur des tissus des plantes et permet d'entrevoir le mécanisme de la formation de ces êtres étranges qu'on appelle les chimères ou hybrides de greffe.

Il établit de même, à l'intérieur d'une cellule, des communications particulières entre le noyau et les pyrénoïdes de la chlorophylle des rubans verts des Spirogyres. Ces derniers éléments sont des granules albuminoïdes ayant des affinités de composition avec le noyau. On soupçonne que c'est par ces fins trabécules protoplasmiques que le noyau communique avec la chlorophylle et ce serait là que se passeraient les phénomènes de la synthèse chlorophyllienne, car l'amidon se dépose en couronne autour de ces pyrenoïdes (Massart, p. 57).

Certes, nous sommes loin de connaître toutes les lois curieuses de la physiologie cellulaire, mais nous avons la certitude qu'il s'agit de mécanismes très compliqués et très délicats.

(1) Cité par MASSART, Elem. de Biol. générale et de Bot., 1920, p. 57.

En présence d'une pareille différenciation, il semble bien chimérique, au moins dans l'état actuel des connaissances humaines, de songer à reproduire artificiellement une telle structure. La nature serait-elle apte, dans un coin quelconque du globe terrestre, à en produire de semblable? On l'a cru pendant un certain temps, c'est là une histoire curieuse qu'il est utile de rappeler.

En 1857, l'Angleterre voulant relier l'Europe à l'Amérique par un câble sous-marin, fit faire des sondages dans les profondeurs de l'Atlantique; une gelée floconneuse fut ainsi trouvée au fond de la mer qui parut vivante à Huxley, aussi la baptisa-t-il du nom de *Bathybius Haeckeli*. « Tout vient de la mer », avait dit autrefois le philosophe grec Thalès : c'était la matière vivante primordiale. Lors de l'expédition du Challenger (1873-1876) Buchanan arriva à se convaincre qu'il s'agissait, non pas de protoplasma mais d'un précipité de sulfate de chaux dû à l'alcool dont on s'était servi. Huxley reconnut, en 1879, au Congrès de l'Association britannique de Sheffield, avec humour son erreur. « Notre président a fait allusion à une certaine... chose — je ne sais en vérité si je dois l'appeler une chose ou autrement — qu'il a nommée devant vous *Bathybius*, en indiquant ce qui est parfaitement exact, que c'était moi qui l'avais fait connaître; tout au moins, c'est bien moi qui l'ai baptisée, et, dans un certain sens, je suis son plus vieil ami. Quelque temps après que cet intéressant *Bathybius* eut été lancé dans le monde, nombre de personnes admirables prirent cette petite chose par la main et en firent grande affaire. Les choses allaient donc leur train, et je pensais que mon jeune ami *Bathybius* me ferait quelque honneur; mais j'ai le regret de dire que, avec le temps, il n'a nullement tenu les promesses de son jeune âge. Tout d'abord, on ne réussissait jamais à le trouver là où l'on devait attendre sa présence, ce qui était fort mal, et, de plus, quand on le rencontrait, on entendait dire sur son compte toutes sortes d'histoires. En vérité, je regrette d'être obligé de vous le confesser, quelques personnes d'esprit chagrin ont été jusqu'à prétendre que ce n'était rien autre qu'un précipité gélatineux de sulfate de chaux, ayant entraîné dans sa chute de la matière organique ». Le *Bathybius* avait vécu. Haeckel évidemment s'est consolé de sa disparition, il n'en a pas moins proclamé que c'était un véritable triomphe pour la science d'avoir établi que le « miracle des phénomènes vitaux » se ramène aux « propriétés physiques et chimiques infiniment variées et complexes des corps albuminoïdes ». La matière primordiale est le carbone et on devra ramener aux propriétés de ce corps simple tous les phénomènes vitaux. C'est dans les propriétés spéciales physico-chimiques du carbone, dans l'instabilité des composés carbonés albuminoïdes qu'il faut voir les causes mécaniques du mouvement et de la vie. Il n'hésite pas à distinguer deux modes de génération spontanée : l'autogonie et la plasmogonie. Il reconnaît d'ailleurs que ni l'un, ni l'autre de ces deux cas de genèse n'a été observé. Les Monères dans lesquels il était disposé à ranger le *Bathybius*, quand il existait, sont de petits grumeaux de substance albuminoïde sans noyau ; leur apparition a dû être ou est encore primordiale et c'est là ce qu'il désigne sous le nom d'autogonie. Ces êtres primitifs une fois apparus, rien n'était plus simple que d'imaginer leur transformation en Protistes, par une simple condensation physique des molécules albuminoïdes centrales, de manière à différencier un globule nucléaire, c'était le cas de plasmogonie. Haeckel reconnaît que la génération spontanée des Monères n'a jamais été observée, il en découle donc que le passage aux Protistes est aussi hypothétique : « J'accorde, dit-il, que ce phénomène, tant qu'il n'a pas été directement observé et reproduit, soit et demeure une simple hypothèse ; mais je le répéte cette hypothèse est indispensable à l'enchaînement tout entier de l'histoire de la création. »

Nous avons émis une autre hypothèse, ou du moins la Monère dont l'apparition primitive nous a paru vraisemblable devait être composée d'un granule vert : c'est, en effet, sous cette forme que la transformation de la matière minérale en matière organique se fait le plus aisément, grâce à l'intervention d'agents physiques au premier rang desquels se place le rayon lumineux.

BIBLIOGRAPHIE

Acqua (Camillo). — Contribuzione alla conoscenza della cellula vegetale (*Malpighia*, t. V, fasc. 1-29).

Balbiani. — Sur les régénérations successives du peristome chez les Stentors et sur le rôle du noyau dans le phénomène (*Zool. Anzeiger*, 1891. n° 372). — Rech. expérim. sur la mérotomie des Infusoires ciliés (*Recueil de Zoologie suisse* t. V, 1888).

Dangeard. — Mémoire sur les parasites du noyau et du protoplasma (*Botaniste*, 4e série, janv. 1896, 199-249). Le caryophysème des Eugléniens (id. 8e série).

Demoor. — Contribut. à la physiologie de la cellule. Individualité fonctionnelle du protoplasma et du noyau (*Bull. soc. belge de microscopie* t. XX, 36-46, 1894).

Gardiner. — The Genesis and Development of the Wall and connecture Threads in the Plant cell. (*Proc. Roy. Soc, London*. 1900, t. 16, 186). The Histology of the Cell Wall with special reference to the Mode of Connection of Cells (id t. 67. p. 437).

Gerassimoff. — Die Abhängigkeit der Grösse der Zelle von der Menge ihre Kernmasse (*Zeitschr. f. allg. Physiol.* I. 220). (*Bull. Soc. Imp. Nat. Moscou*. 1890, n° 4; 1892, n° 1, 109-131 ; 1896 ; 1899, 220-267; 1899-1900, 343-361).

Haberlandt. — Ueber Einkapselung des Protoplasmas mit Rücksicht auf die Function des Zellkerns (*Sitzungsb, d. Akad Wiss. Wien* t. 98. 1889, I, p. 190). — Ueber die Beziehung zwischen Function und Lage des Zellkerns bei den Pflanzen. Iéna 1887.

HAECKEL. — Hist. de la création des êtres organisés d'après les lois naturelles, Paris, 1874 (trad. française).

KLEBAHN. — Studien über Zygoten. Die Befruchtung von *OEdogonium Boscii* (*Jahrb. f. wiss. Bot.* t. 24, 235).

KIENITZ-GERLOFF. — Studien über Plasmodesmen (*Ber. d. deutsch. bot. Ges*, t. XX, 93).

LE DANTEC. — La matière vivante, 192 p., 1895.

MOLISCH. — Ueber Zellkerne besonderer Art (*Bot. Zeit*, 1899, p. 177).

PENARD. — Essais de mérotomies de quelq. Difflugies (*Rev. suisse Zool*, t. 7, I, 477, 1900).

PROWAZEK. — Studien zur Biologie der Zelle (*Zeits. f. allg. Phys*, t. II, 385).

STRASBURGER. — Ueber Plasma verbindungen pflanzlicher Zellen (*Jahr. f. wiss. Bot*, t. 36, 493).

VERWORN. — Biologische Protisten studien I (*Zeits. f. wiss. Zool*, t. 46, 1888).

CHAPITRE IX

ORGANISATION (*suite*). CHIMIE CELLULAIRE

L'étude de la constitution chimique du protoplasma et du noyau s'impose à nous aussi bien que celle des propriétés physiques de la matière vivante. Si l'on avait la prétention extrêmement prématurée de fabriquer les substances se rapprochant, même de très loin, du contenu cellulaire, il faudrait au moins en réaliser à la fois la constitution chimique et les propriétés physiques. Nous ne parlerons pas des essais de quelques chercheurs d'avant-garde (Bütschli, Herrera, Stephane Leduc, Raphaël Dubois, Kraft et Funcke), il n'y a rien ou peu de chose, pour le moment, à tirer de tous ces essais. Les tentatives des chimistes, en particulier d'E. Fischer, moins ambitieuses, nous paraissent plus intéressantes.

L'analyse du protoplasma a été tentée, en 1883, par Reinke. Le plasmode des Myxomycètes lui a paru être un objet d'étude tout à fait favorable. La fleur de tan qui se développe pendant l'été chez les tanneurs se présente sous l'aspect d'une grosse masse gélatineuse, cérébriforme, jaune d'or, pouvant atteindre les dimensions d'une tête humaine. C'est du protoplasma nu, dépourvu de membrane cellulosique et qui, à cause de cela, se déplace avec facilité, peut même grimper après les objets verticaux; ce plasmode offre lorsqu'on en examine un fragment au microscope une constitution réticulée dont la forme change à chaque instant, émettant, par exemple, en un point, une boursouflure, y engageant une certaine partie qui se rétracte, avance de nouveau, en un mot se déforme constamment. L'analyse de ces grosses masses de protoplasma est très suggestive, mais il est à peu près certain à priori qu'elle comprendra un certain nombre de substances qui seront des déchets ou des matériaux venant de pénétrer dans la masse et pour lesquels l'incorporation et l'assimilation n'a pas été faite. Sur 100 parties de matières sèches, il y avait : 1° 30 parties de matières azotées comme la plastine [qui est semblable à la nucléine insoluble de Miescher, du groupe des corps nucléiques (Malfatti)], la vitelline (phosphoprotéine), la myosine, (globuline), le peptone, la lécithine (1) (lipoïde phosphorique), la guanine (ou l'hypoxanthine), la sarcine, la xanthine (qui sont des bases puriques); 2° 41 parties de matières ternaires composées de paracholéstérine (2), d'amylodextrine, de résine, d'acides gras (acide oléique, palmitique, stéarique), d'un corps gras neutre; 3° 29 parties de cendres surtout composées de chaux (50 pour cent parfois), d'acides (phosphorique, sulfurique, carbonique, oxalique, lactique), de phosphate de magnésie, de chlorure de sodium.

On voit, d'après ces résultats, combien la constitution de la matière vivante est complexe ; mais il y a dans la substance ainsi étudiée beaucoup de corps accidentels, étrangers. Il y a d'ailleurs un mélange de protoplasma et de noyaux.

Comment arriver à faire l'analyse chimique et

(1) La lécithine ou les acides glycérophosphoriques présentent deux restes d'acides gras combinés avec une base organique complexe, la choline.
(2) Cholestérine : $C^{27}H^{45}OH$.

microscopique de toutes ces parties? Le noyau étant considéré comme la partie capitale dans l'ensemble de la matière vivante, on conçoit que des efforts aient été surtout faits pour avoir des renseignements sur sa structure intime qui paraît si complexe. M. Schwarz (en 1887) a étudié microchimiquement l'action d'un certain nombre de dissolvants sur les diverses parties constitutives de la masse nucléaire. Le filament chromatique se teint par les matières colorantes (hématoxyline, vert de méthyle, etc.) comprend la *linine*, substance fondamentale qui ne se colore pas, et des granules qui fixent la matière colorante et que l'on appelle la *chromatine*. Cette dernière résiste à l'action du suc gastrique mais est digérée par la trypsine; elle est, en outre, soluble dans le sulfate de cuivre, insoluble dans l'eau, les acides étendus, le sulfate d'ammoniaque, très soluble dans les alcalis étendus, dans l'ammoniaque, dans les acides concentrés; elle se dissout dans le chlorure de sodium, le ferro-cyanure de potassium, dans le phosphate de potasse. La *linine* n'est pas soluble dans le sulfate de cuivre, non plus que dans le sulfate de magnésie et le phosphate de potasse. C'est l'ensemble de ces deux éléments que nous venons de décrire qui constitue la *nucléine* de Miescher. La *paralinine* correspond au suc nucléaire, elle est soluble dans le sulfate de magnésie et le phosphate de potasse. La *pyrénine* correspond aux nucléoles (elle fixe aussi les matières colorantes, mais ce ne sont pas les mêmes que pour la chromatine) elle est insoluble dans le chlorure de sodium à 20 pour cent, ainsi que dans le sulfate de magnésie, de cuivre, de potasse, aussi dans l'eau de chaux; elle se dissout dans l'acide acétique à 50 pour cent et dans la solution concentrée de bichromate de potasse. L'*amphyrénine*, enfin, est la membrane nucléaire qui est très voisine de la pyrénine mais ne fixe pas les matières colorantes.

La méthode de M. Schwarz a été l'objet de diverses critiques (Zacharias, Malfatti, Zimmermann); son travail demeure cependant une contribution importante à l'étude du noyau. Il faut bien reconnaître qu'une telle technique ne nous renseigne que très imparfaitement sur la constitution véritable. Nous n'insisterons pas sur les caractères tirés de l'élection des matières colorantes (régions erythrophiles, cyanophiles, basophiles).

L'analyse chimique du noyau a pu être poussée beaucoup plus loin, grâce aux études qui ont été faites du sperme de certains Poissons comme le Hareng ou des globules nucléés du sang de l'Oie. On y a trouvé des protéides ou protéines conjuguées constituant des nucléoprotéides. Ces dernières résultent de l'association à l'acide nucléique, soit d'une protamine (1) (cas du sperme des Poissons), soit d'une histone (2) (cas des globules rouges du sang de l'Oie).

Le dédoublement se fait en deux temps, d'après Lilienfeld :

Nucléoprotéide.

Protéine. Nucléine.

Protéine. Acide nucléique.

Tandis que le nucléoprotéide ne renferme que 0,5 à 1,6 p. 100 d'acide phosphorique, la nucléine en contient 5 p. 100 et les acides nucléiques 8 à 10 p. 100.

Les nucléoprotéides sont insolubles dans l'eau, solubles dans les alcalis, ils sont d'ailleurs acides; mais ce dernier caractère s'accentue dans la nucléine

(1) Ce sont des matières protéiques solubles dans l'eau, fournissant à l'hydrolyse beaucoup de bases hexoniques (arginine, lysine, histidine).

(2) Substances faisant transition entre les protamines et les albumines, précipitables par l'ammoniaque.

qui est dédoublée par les alcalis et la trypsine en protéine et acide nucléique. Inversement ces acides nucléiques, à leur tour, mis en présence de matières protéiques, se combinent à elles et reforment des combinaisons rappelant les nucléines.

La désagrégation de la molécule d'acide nucléique a été réalisée par hydrolyse à l'aide de l'acide sulfurique bouillant; on a vu ainsi apparaître quatre choses : 1° l'adénine et la guanine, qui sont des bases puriques, dérivant de la purine; ces deux bases préexistent dans l'acide nucléique, mais il peut dériver d'elles par l'hydrolyse deux autres bases issues de la même purine, l'hypoxanthine et la xanthine; 2° en second lieu, on voit apparaître également la cytosine et la thymine, deux bases pyrimidiques, venant de la pyrimidine (l'uracile provient de l'action des réactifs sur la cytosine); 3° au troisième rang apparaissent des hydrates de carbone, parmi lesquels il faut surtout mentionner le glucose, mais le pentose ($C^5H^{10}O^5$) a été trouvé dans la Levure et le Froment, lié aux acides nucléiques les plus simples (analogues à l'acide guanylique du pancréas, inosique du muscle); 4° en quatrième lieu, l'acide phosphorique existe dans la molécule nucléique sous forme condensée.

Il y a, en fait, quatre molécules d'acide phosphoriques qui sont unies chacune à un noyau sucré et à une base. Ces bases sont ou puriques (adénine, guanine) ou pyrimidiques (thymine, cytosine). Ces quatre complexes sont unis ensemble en un édifice général. Cette constitution a conduit Levene à considérer les acides nucléiques simples ou mononucléotides comme formés individuellement d'acide phosphorique, d'un noyau sucré, d'une base (adénine ou thymine, etc.). Dans chacun de ces éléments, la molécule d'acide phosphorique forme avec le noyau sucré une combinaison éthérée, qui est elle-même liée à la base soit purique, soit pyrimidique à la manière d'un glucoside. Les acides nucléiques ordinaires méritent le nom de tétranucléotides. Le diagramme suivant de Bureau résume ce qui précède.

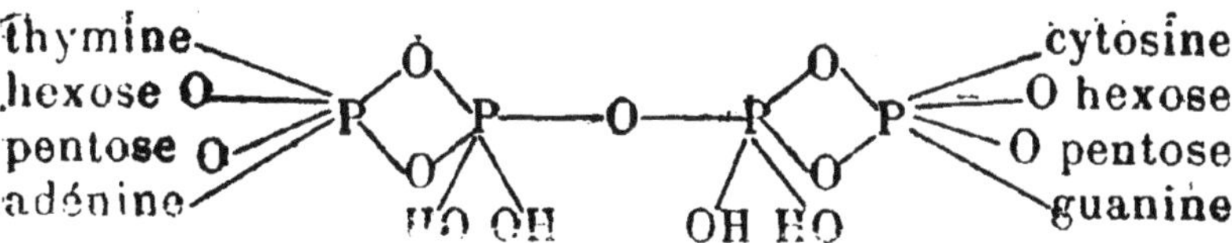

Un autre élément doit être signalé dans le noyau, c'est le fer. A côté de la masse tout à fait prépondérante des nucléoprotéides, il y a de très petites quantités d'un corps organique riche en fer, mal connu, désigné par Miescher sous le nom de caryogène. Ceci a été établi pour les animaux (Zaleski, Schneider) et les plantes (Mac Callum). Selon Spitzer, les tissus sans fer n'ont aucune action oxydante; les organes où on en trouve fixent l'oxygène; pour M. Loeb, le fer, comme le phosphore, caractérise le noyau et, d'après lui, ainsi que d'après Sptizer, c'est l'organe essentiel des oxydations.

Les données que nous venons d'exposer se rapportent au noyau; en dehors de lui, il y a le protoplasma formé d'albuminoïdes dont l'étude a exercé la sagacité des chimistes. Ils ont examiné les produits de leur digestion par la trypsine; en prolongeant l'action de cette diastase, on obtient des acides aminés (1) comme par l'hydrolyse; des albumoses,

(1) Acides aminés : 1° monaminés monobasiques (groupe de la leucine) : glycocolle CH^2 (AzH^2) — COOH, alanine CH^3 — CH (AzH^2) — COOH, leucine, etc.;

2° monaminés bibasiques, acide aspartique COOH — CH^2 — CH (AzH^2) — COOH, glutaniques;

3° acides diaminés monobasiques (bases hexoniques) : arginine, lysine.

Tous ces acides aminés appartiennent à la série *grasse*. D'autres appartiennent à la série *aromatique* (tyrosine, phenylalanine), d'autres à des séries hétérocycliques (tryptophane).

des peptones apparaissent quand la digestion est plus courte. L'analyse immédiate est demeurée impuissante à résoudre ce mélange d'albumoses et de peptones en individus chimiques définis. La méthode analytique ayant échoué, la méthode de synthèse a été tentée par Grimeaux (1882), par Schutzenberger (1892) et finalement par Fischer. Ce dernier a préparé des composés qu'il appelle dipéptides, tripéptides, tetrapéptides, etc., polypéptides selon que 2, 3, 4... molécules d'acides aminés sont soudées ensemble. Pour prendre l'exemple le plus simple, si l'on soude deux molécules de glycocolle, $AzH^2 - CH^2 - COOH + AzH^2 - CH^2 - COOH$ on a H^2O

$$+ AzH^2 - CH^2 - CO - AzH - CH^2 - COOH$$

on a le glycyl-glycine; il a fabriqué le glycyl-alanine, le glycyl-leucine, etc., le triglycyl-glycine, un complexe formé, par exemple, de 15 molécules de glycocolle et de 3 molécules de leucine.

Or, en premier lieu, quelques-uns de ces polypéptides de synthèse ont été identifiés avec des polypéptides naturels trouvés dans l'hydrolyse des matières protéiques par les acides; en second lieu, les polypéptides de synthèse les plus compliqués présentent les analogies les plus frappantes avec les peptones et même les albumoses.

C'est donc, semble-t-il, un pas vers la synthèse de la matière vivante. Pour certains chimistes, notamment Amé Pictect (1915), il n'en est rien. Pendant un siècle les chimistes, avec une patience inlassable et un succès extraordinaire, sont arrivés à caractériser 150.000 composés organiques, qu'ils ont classés en deux types. Dans les uns, la partie centrale de la molécule forme une sorte de « colonne vertébrale », sur laquelle viennent se grouper d'autres groupes atomiques, ce sont des *chaînes ouvertes*. Dans les autres, le squelette moléculaire n'est plus « un chapelet d'atomes mais un anneau », ce sont des *com-*

posés cycliques. Ces composés cycliques abondent dans les végétaux, parmi les déchets de la vie des plantes. Ce sont fréquemment des poisons que l'organisme doit isoler pour se protéger contre eux. La matière vivante, les produits directs de l'assimilation appartiennent au groupe des substances à chaîne ouverte. Selon Pictet, « la plante se défend contre les poisons en les cyclisant ». Elle les rend inoffensifs en les immobilisant, ne pouvant les expulser au dehors comme l'animal par un appareil d'excrétion qui fait défaut. Les *méats intermoléculaires* des parois cellulaires laisseraient passer les « chapelets flexibles des chaînes ouvertes, tandis qu'ils s'opposent à l'entrée des anneaux massifs et rigides que forment les molécules cycliques. »

M. A. Pictet ajoute : « On ne saurait attribuer la vie à la matière elle-même. La vie nécessite une organisation qui est celle de la cellule, et reste, par cela même, en dehors de la Chimie pure ». Il est assez curieux de voir la thèse vitaliste reprise par un chimiste en 1915. S'il en est ainsi, la Chimie a encore fort à faire avant de résoudre le problème de la vie. Cette conception d'un protoplasma mort différant d'un protoplasma vivant heurte des esprits élevés à une autre école, notamment M. J. Loeb qui n'hésite pas à la qualifier de monstrueuse. Nous aurons à analyser plus loin les grandes découvertes sur la parthenogénèse expérimentale de ce savant très éminent qui n'a pas hésité à écrire : « Rien n'interdit de supposer que les sciences expérimentales ne puissent réussir un jour à *produire artificiellement des machines vivantes*. »

Pflüger admet, comme M. Amé Pictet, la distinction entre l'albumine vivante, qui existe dans le protoplasma des êtres vivants, et l'albumine morte, qui se trouve, par exemple, dans le blanc d'œuf. La première se décompose spontanément et cette instabilité se relie à la respiration. Quand on envisage le

6

mécanisme de la destruction des deux sortes d'albumines : oxydation de l'albumine morte, respiration de l'albumine vivante, on s'aperçoit de ressemblances et de dissemblances. Il y a des ressemblances par les substances non azotées qui en résultent ; il y a des dissemblances par les substances azotées qui se forment. Ce serait, d'après lui, l'étude des radicaux azotés qui fournirait la clef du problème de la vie ; or le radical cyanogène existe partout dans l'albumine vivante et on le retrouve uniformément dans ses produits de dislocation : acide urique, bases puriniques, bases pyrimidiques, etc. Ce cyanogène de l'albumine vivante contribue à l'instabilité de la molécule vivante qui se détruit par l'intervention de l'oxygène respiratoire. Pflüger insiste sur les analogies de l'albumine vivante et des composés cyanés et particulièrement de l'acide cyanique, produit de l'oxydation du cyanogène ; ce dernier corps est considéré par lui « comme une molécule à demi-vivante ». De cet enchaînement de considérations, Pflüger tire cette conséquence : puisque le cyanogène ne se forme qu'à température élevée, il doit en être de même des autres constituants des albumines. Il en conclut que la vie a dû être ébauchée à une époque où la terre était un corps incandescent. Depuis cet instant unique et lointain de création, la formation des matières albuminoïdes serait devenue impossible, aussi doute-t-il que « la génération spontanée existe à notre époque ». La genèse de cette matière albuminoïde vivante se continue, depuis lors, par la propriété que possède cette substance de « se régénérer et de s'accroître d'une façon continue ». C'est de cette albumine primordiale que dérive « toute l'albumine présente actuellement dans tout l'univers », car « la Biologie comparée indique qu'il n'y a qu'une seule racine pour la matière vivante ». Son poids moléculaire est inconstant ; elle agit par attraction sur les molécules chimiques ordinaires, « elle attire dans tous les radicaux, avec une grande force et une grande prédilection, des éléments de même nature pour les incorporer chimiquement à sa molécule, et croître ainsi à l'infini ». On a comparé cette attraction à celle du soleil vis-à-vis des corps célestes.

Errera qualifie ce poème chimique « d'opinion toute gratuite » et même « peu vraisemblable ». Cependant, par l'étude du four électrique, Moissan fournit quelques données en faveur des conceptions précédentes : selon lui, notre atmosphère, lors de la période ignée de la terre, aurait renfermé un mélange complexe d'hydrogène, de carbures d'hydrogène et peut-être de composés cyanogénés. Ces remarques, comme on le voit, évoquent la théorie des pyrozoaires de Präyer dont il a déjà été question.

BIBLIOGRAPHIE

Bohn (G.) et Drzewina (Anna). — La Chimie et la vie.

Bütschli. — Uber die Structur des Protoplasmas.

Dubois (R.). – Cultures minérales sur bouillon gélatineux (*Comptes rendus de la Soc. Biol.*, 30 avril 1904). Sur la cytogénèse minérale (id. 15 mai 1904).

Fischer (E.). — Synthèse von Derivaten der Polypeptide (*Ber. d. deutsc . Chem. Ges.*, t. 36, 2094, 2106, 2982, 2993; *Sitzb. Kgl. Akad. wiss. Berlin*, 1903, p. 387). — F. und Bergell (*Ber. d. deutsch. Chem. Ges.*, t. 36, 2592).

Herrera. — Le rôle des subst. albuminoïdes du protoplasma (*Rev. scientif.* 1903). Notions générales de Biologie et de Plasmogénie comparées, Berlin, 1906 (trad. franç.).

Kossel. — (*Zeits f. phys. Chemie*, t. 25, 165; t. 37, 377.)

Lembling. — Précis de bio-chimie, 1919.

Levene. — (*Zeits. f. phys. Chem.*, t. 38, 39.)

Lilienfeld und Monti. — Ueber die mikrochemische Localisation des Phosphor in den Geweben (*Zeits f. phys. Chem.*, t. 17, 410).

Lœb. — (*Arch. f. Entiwckel*, t. VIII, 1899). Dynamique des phénomènes de la vie. (*Bibl. sc. intern.*, 1908.)

Mac Callum. — (*Proc. Roy. Soc. London*, t. 50, 277. 1892.)
Moissan. — (Voir Würz et Friedel : 2e suppl. au Dictionnaire de Chimie, III, 443, 1897.)
Malfati. — Zur Chemie des Zellkerns (*Ber. d. naturwiss. med. Vereins in Insbruck*, t. XX, 1891-92).
Pflueger. — Ueber die physiogische Verbrennung in den lebenden Organismen (*Pflüger's Archiv.*, t. 10, 1875; t. 29, 1882). (Verworn, Physiologie générale, trad. franç. 1900.)
Pictet (Amé). — (*Rev. sc.*, 1915.)
Sambuc. — Nucléo-albumines et dérivés. (*Rev. gen. sc.*, t. IX, 817.)
Schwarz. — (*Cohn's Beitr. z. Biol. d. Pflanzen*, V. Heft. 1)
Schneider. — (*Abhandl. d. Köningl. preuss, Akad. d. wiss. Berlin*, 1888, 41; *Sitz. d. Köningl. preuss. Akad. d. wiss. Berlin*, 1890, 887.)
Spitzer. — (*Pflüger's Arch.*, t. 67, 1897.)
Zaleski. — (*Zeits. f. phys. Chemie*, t. 9, 453, 1886.)

CHAPITRE X

ORGANISATION (*suite*). LES COLLOÏDES ET LEUR RÔLE

La connaissance de la Physiologie de la cellule est intimement liée au problème de l'osmose. Chacun connaît l'expérience de Dutrochet (1837) qui, reprise par Graham à l'aide de substances telles que l'albumine à la place de sucre, l'a conduit à distinguer deux sortes de substances, les *colloïdes* (albumine, protoplasma, etc.), qui ne traversent pas les membranes, les cristalloïdes (sucre, substances salines), qui les traversent. Les premières jouent un rôle prépondérant en Biologie.

Les êtres vivants, animaux et plantes sont, en grande partie, formés de colloïdes. On peut même dire, sans trop s'avancer, qu'ils sont exclusivement colloïdaux. Il y a certes divers cristalloïdes chez les êtres doués de vie (urée, chlorure de sodium, acide oxalique, etc.), mais ce sont des produits accessoires et variables d'une plante ou d'un animal à l'autre. Les colloïdes qui se retrouvent dans les membranes, dans le protoplasme, dans les noyaux présentent une uniformité tout à fait frappante dans toute l'échelle biologique. M. J. Duclaux a pu dire spirituellement que le Créateur, en employant partout les colloïdes, « a augmenté ses chances de succès ».

Les propriétés comparées des cristalloïdes et des colloïdes expliquent la supériorité de ces derniers. Les cristalloïdes sont indéformables; s'ils sont soumis à de trop grandes forces, ils se rompent, aussi sont-ils fragiles (fragile comme verre par exemple). Les colloïdes sont élastiques, flexibles, ils résistent au choc; une pierre sera brisée, un morceau de caoutchouc pliera mais ne rompra pas. Il y a dans les corps vivants des parties rigides (squelettes, bois, etc.), mais ces régions ne sont pas exclusivement composées de cristalloïdes, par exemple les os contiennent, en plus du phosphate de chaux, de l'osséine et, si ce dernier élément colloïdal disparaissait, les effets des chocs (accidents des vieillards, par exemple) seraient beaucoup plus graves.

Les modules de traction et de torsion sont les suivants :

Cristalloïdes.		Colloïdes.	
Quartz.	8.000	Soie	600
Acier	20 000	Bois	30 à 1.000
		Caoutchouc.	0,02 à 0. 8

La charge de rupture (kilogr. par millim. carré).

Quartz	40 à 100	Chanvre	10
Acier.	50 à 250	Soie	10 à 3
Verre filé. . .	40	Caoutchouc. . .	2 à 3

La *perméabilité* est une des propriétés les plus fondamentales des colloïdes. Tous les aliments doivent pénétrer de l'extérieur, donc il faut que la membrane les laisse passer. En outre, tout ce qui est à l'intérieur des cellules doit être retenu, sauf les excrétions (urée, sels, acide-carbonique). Si nous envisageons les plantes aquatiques, il faut que les membranes soient imperméables aux substances organiques, sinon la plante se viderait de sa matière vivante; il faut, en outre, que les mêmes membranes laissent filtrer les chlorures, les nitrates, car on les rencontre dans les cendres. La même membrane doit donc satisfaire à des besoins divers. L'imperméabilité de la membrane végétale aux substances organiques se retrouve dans les plantes terrestres et c'est pour cela que les végétaux qui vivent sur le sol se nourrissent si difficilement des matériaux organiques de la terre. Le glucose passe à travers la membrane intestinale; au contraire, le rein doit être imperméable et s'il y a perméabilité, c'est qu'il y a maladie (diabète); les peptones résultant de la digestion des albuminoïdes doivent passer et les albuminoïdes non peptonisés sont arrêtés. Si les membranes étaient formées de cristalloïdes, ou bien les vides laissés entre les molécules seraient trop étroits et rien ne passerait (cas du ballon de verre), ou bien si la structure était poreuse (plâtre, etc.), les pores n'arrêteraient plus rien.

Les colloïdes présentent des molécules assez grosses qui jouent un rôle prépondérant dans la perméabilité et dans toutes les propriétés de ces substances. Il y a des micelles de grosseurs différentes et il n'y a pas lieu de s'étonner que deux membranes filtrantes d'un même organisme aient des propriétés différentes. Il y a d'ailleurs une propriété fondamentale des micelles colloïdales qui permet d'expliquer l'ouverture et la fermeture des pores des membranes, c'est l'*adsorption* (1).

Ce mot a été substitué au mot absorption parce que cette dernière expression englobait des phénomènes différents qui se passent lorsqu'une substance disparait en quelque sorte dans une autre. On ne dira pas que l'acide sulfurique adsorbe la vapeur d'eau ou le chlorure d'argent le gaz ammoniaque, parce qu'il y a une réaction chimique. Dans le cas

(1) Mot introduit dans la science par Frankenheim en 1835.

de dissolution, cette expression sera proscrite. On dira que le charbon adsorbe le gaz sulfureux qui disparaît à l'intérieur parce qu'il n'y a pas de réaction chimique et qu'on ne peut déceler la présence d'un corps nouveau ; de plus, ce n'est pas une dissolution, puisque le charbon est un corps solide.

Au microscope ordinaire, les solutions colloïdales apparaissent comme homogènes, mais à l'ultramicroscope, on aperçoit dans la plupart d'entre elles des granulations animées de mouvements browniens, dont le diamètre varie de 3 à 250 μμ (μμ = millième de μ). Cette division des molécules crée entre elles des actions de ce contact qui peuvent avoir une énorme importance.

Ostwald, pour s'en rendre compte, suppose qu'un cube de 1 centimètre de côté soit divisé en cubes de plus en plus petits et il calcule les surfaces des divisions ainsi produites. Le tableau suivant fait bien saisir l'énorme accroissement progressif des surfaces de contact :

Longueur de chaque côté du cube. —	Nombre de cubes. —	Surface totale des cubes. —
1 centimètre	1	6 centimètres carrés.
100 μ	10^6	600 — —
1 μ	10^9	6.000 — —
10 μμ	10^{15}	60 mètres carrés.
1 μμ	10^{18}	600 — —
0, μμ 1	10^{21}	6.000 — —

L'adsorption peut ouvrir ou fermer les pores des micelles, soit en les tapissant de molécules plus ou moins grosses, soit en modifiant l'état d'agglomération ou de tassement des micelles. Elle confère ainsi un rôle protecteur vis-à-vis des cellules recouverte par une membrane. Une substance nuisible adsorbée par la membrane ne pourra arriver jusqu'à la partie vivante.

Il est très important de savoir comment se comportent les colloïdes dans les phénomènes osmotiques. On sait que, mis en présence d'une membrane semi-perméable, deux liquides comme le sucre et le chlorure de sodium se comportent différemment : ce dernier y subit une dissociation électrique (Pfeffer, de Vries, Arrhenius), il apparaît dans le cas du chlorure des ions chlore et des ions sodium. Les ions sont des formes allotropiques ou des isomères des corps correspondants. L'ion hydrogène, par exemple, est absolument différent du gaz hydrogène, car l'ion a une réaction acide qui n'existe pas pour le gaz ; ce dernier n'est connu qu'à l'état de solution, tandis que la solubilité du gaz hydrogène est très faible. De même l'ion chlore n'a ni couleur, ni odeur, ni propriétés décolorantes, l'énergie de l'ion chlore est plus faible que celle du gaz vert bien connu ; la couleur de l'ion cuivre est bleue (1), tandis que le cuivre est rouge et ses composés polychromes. Il y a des ions composés comme l'ion OH, qui a la même composition que l'eau oxygénée et des propriétés différentes. L'acide sulfurique concentré, non dissocié, peut être transporté dans des fûts de fer qu'il détruit rapidement s'il est étendu et dissocié.

Les ions complexes apparaissent plus nettement encore dans le cas du ferro-cyanure de potassium ; si cette substance est ionisée, elle se décompose en $Fe(CAz)^6$, à charge électrique négative et quadruple et quatre ions K à charge positive et simple. L'ion complexe $Fe(CAz)^6$ se transporte électriquement d'une pièce, entraînant par conséquent en bloc 13 atomes. Cet exemple peut nous servir à entrevoir ce qui se passe dans le cas des colloïdes. Sous l'influence de la dissociation électrique, les granules, qui

(1) Les ions colorés fournissent, par leur déplacement dans le champ électrique, des preuves de leur existence que l'on confirme par l'étude des variations de la concentration des ions autour des électrodes.

sont dans les liquides (où ils forment une dissolution louche ou *hydrosol*), sont si gros qu'ils peuvent être visibles en se rendant lentement à un pôle, surtout s'ils sont colorés; à l'autre pôle se rend la partie active que l'on ne voit pas, parce qu'elle est formée d'ions atomiques très petits et par cela même invisibles. Il faut pour déceler ces derniers éléments des analyses chimiques délicates du liquide autour de l'électrode, ce qui est une méthode compliquée exigeant du soin, de la peine et du temps. Le mouvement des gros granules est, au contraire, beaucoup plus aisé à voir et il a été remarqué, dès 1892, par Linder et Picton. Ce déplacement peut être étudié à l'ultra-microscope, on voit chaque particule se mouvoir isolément en suivant le champ électrique, tellement que MM. Cotton et Mouton ont pu fonder sur ce phénomène une méthode d'étude du courant.

Le transport que nous venons de signaler est-il un phénomène de *catophorèse* (*cata*, en descendant, *phoresis* action de porter), c'est-à-dire un transport de parties inertes sous l'influence du courant électrique, ou y a-t-il une conductibilité véritable des colloïdes? Pendant longtemps les preuves manquaient; la question a été tranchée par l'invention d'un filtre dont on trouvera une description dans l'excellent ouvrage de M. Jacques Duclaux.

Il y a une pression osmotique dans le cas d'un hydrosol, par suite de la dissociation électrolytique de la micelle et c'est là que se trouve la clef d'un grand nombre de phénomènes physiologiques.

Les hydrosols peuvent être concentrés par filtration, mais il arrive un moment ou le colloïde prend un état solide, il y a congélation (il se forme un *hydrogel*). Le colloïde alors devient incapable de se dissoudre à nouveau. Pour tout hydrosol, il y a une pression osmotique maxima compatible avec l'état liquide. Tant qu'on se tient au-dessous de cette pression, on peut concentrer sans changement d'état d'une façon reversible. La pression osmotique maxima correspond à la saturation des liquides. Ceci permet d'étendre aux colloïdes la notion de solubilité qui a été longtemps l'apanage des cristalloïdes.

L'addition d'un électrolyte à un colloïde amène souvent une adsorption à la surface des micelles et cette modification superficielle entraîne des variations de l'ionisation.

Quand on ajoute certains corps à un colloïde, ce dernier tend vers un état isoélectrique, pour lequel la charge des particules est nulle ; alors la micelle ne se déplace plus ou d'une façon insensible dans le champ électrique, la micelle n'est plus ionisée. Ces corps produisent la stabilité, ils ont une fonction chimique voisine de celle du colloïde : ainsi le colloïde hydrochloroferrique sera stabilisé par le chlorure ferrique.

Lorsque par adsorption les ions libres monovalents d'un colloïde sont remplacés par des ions polyvalents, l'ionisation devient plus faible et d'autant plus que les ions libres auront une valence plus élevée. Dans cette action, il semble que la nature chimique des ions soit à peu près indifférente ; ce qui importe, c'est la valence de l'ion. La charge triple de l'aluminium (+++) a un pouvoir précipitant plus grand que la charge double du cuivre (++) ou la charge simple du sodium (+). On sait que les sels à ions polyvalents sont beaucoup moins ionisés que les sels à ions monovalents. Par conséquent, si par adsorption les ions libres monovalents d'un colloïde sont remplacés, il y aura diminution de la pression osmotique pour deux raisons : « D'abord parce que l'ionisation sera plus faible, la pression osmotique étant proportionnelle au nombre des ions. Ensuite, parce que *deux* ou *trois* ions monovalents seront remplacés par *un seul* ion divalent ou trivalent, ce qui causera une nouvelle diminution de pression. Ces deux effets s'ajouteront l'un à l'autre (1) ». Les sels à ions polyvalents auront une action précipitante plus forte que les ions monovalents. Mais le pouvoir précipitant dépend d'autre chose que de la valence ; quand il y a double décomposition, l'influence de la valence est négligeable.

Dans un colloïde, les ions libres sont d'un signe, le granule est de signe opposé. « Le mouvement du granule étant seul visible, c'est le sens de sa marche dans le courant qui définit le signe du colloïde ». D'où la règle suivante : « les ions à action spécifique dans le phénomène de la coagulation sont ceux de signe opposé à celui du colloïde » (règle de Hardy), les ions adsorbés sont de signe contraire à celui du colloïde.

La question des précipitations des colloïdes a la plus haute importance, nous allons en donner des preuves un peu plus loin. Les substances colloïdales ont des propriétés qui peuvent paraître, au premier abord, bien décevantes, car elles ne présentent ni point de fusion, ni point d'ébullition, ni forme cristalline, ni coefficient de solubilité ; on ne peut les caractériser par leur poids moléculaire qui ne peut être déterminé par les méthodes habituelles. Un colloïde n'est pas une individualité chimique que l'on puisse saisir à volonté, avec une composition et des propriétés toujours les mêmes.

Malgré cela, leur rôle en Biologie est considérable. Le physiologiste qui étudie la digestion examine la transformation des colloïdes (protéiques, amidon) en cristalloïdes, puis leur passage à travers des membranes de nature colloïdale. Les diastases, agents des phénomènes précédents, sont également des colloïdes qui interviennent dans l'assimilation et la désassimilation. Ce sont des colloïdes que manie le pathologiste : toxines, antitoxines, alexines, préci-

(1) J. Duclaux, p. 225.

pitines, agglutines, lysines. L'anatomiste, dans l'étude chimique de l'être vivant, s'applique à séparer et à caractériser des corps dont les plus importants sont des colloïdes. L'histologiste durcit et colore les tissus; il coagule les colloïdes et met à profit les aptitudes de ces corps à se combiner avec d'autres colloïdes qui sont des colorants.

Un exemple va nous faire comprendre l'intérêt de pareilles considérations. Quand on regarde au microscope une goutte d'une culture d'un bouillon de Bacille typhique, les microbes très mobiles sont uniformément répartis d'une manière homogène. Si l'on ajoute à ce milieu une trace de sérum d'un animal préparé à l'aide d'injection de Bacilles typhiques ou celui d'un homme qui a la fièvre typhoïde, les Bacilles perdent leur motilité et ils s'assemblent en paquets, ils sont agglutinés. M. Widal a déduit de ces constatations une méthode de séro-diagnostic qui a une importance capitale. Si l'on possède un Bacille typhique authentique, on peut avec certitude diagnostiquer qu'un homme a ou n'a pas la fièvre typhoïde : il suffit de l'ajouter à son sérum et voir s'il y a agglutination ou non. Inversement, si on connaît un sérum comme typhique, on peut certifier sans crainte qu'un Bacille inconnu agglutiné par lui est le Bacille typhique.

Autre exemple d'application curieuse et très inattendue. Il s'agit d'une question juridique. Un homme est accusé d'assassinat; c'est un boucher qui a sur ses vêtements des taches suspectes, soupçonnées d'être composées de sang humain; il soutient que c'est du sang de bœuf. Si la tache diluée à $\frac{1}{2000}$ ou $\frac{1}{5000}$ donne un précipité avec le sérum d'un animal qui a, au préalable, reçu une injection de sang d'homme, il n'y a pas de doute, le boucher suspect est un assassin.

MM. Mez et Lange, Mez et Preuss ont employé cette méthode du séro-diagnostic en vue d'une fin très différente : découvrir les affinités de toute une série de plantes. C'est un moyen, en somme, tout à fait expérimental d'étudier l'évolution. La méthode exige un antigène (substance à injecter à un animal, extrait de graines) et un anticorps (le sérum de l'animal immunisé ou ayant reçu l'injection de la substance extraite d'une seconde plante). Les antigènes sont préparés en faisant des extraits de graines à des dilutions déterminées. Le sérum est fourni par un Lapin qui a été préparé grâce à une injection intraveineuse ou intrapéritonéale. Si on ajoute à l'antigène un centimètre cube de sérum, on obtient, en quelques heures, à l'étuve à 37°, un précipité, à la condition que les deux plantes comparées appartiennent à des espèces parentes. On peut d'ailleurs appliquer ces conceptions au règne animal : l'antisérum qui précipite le sérum d'un Lapin, précipite aussi le sérum du Lièvre.

Avec les plantes, M. Mez et ses collaborateurs sont arrivés à des résultats très intéressants sur les affinités par enchaînement de la série suivante : Muscinées — Lycopodes — Conifères — Magnoliacées. C'est là un fait très remarquable, car on sait que c'est du groupe des Magnoliacées que Van Tieghem a extrait le type des Heteroxylées (Drymis, etc.) qui a un bois homoxyle rappelant tout à fait celui des Conifères. Ce résultat a été confirmé par un Japonais, M. Kojuna Hitoshi) (1921).

Envisageons à nouveau, d'un peu plus près, la question de la perméabilité des membranes. Les variations qu'elle présente s'expliquent par l'introduction de la notion du coefficient de partage due à Berthelot et Jungfleisch (1872). On désigne ainsi le rapport constant qui existe entre les quantités d'une substance qui se dissolvent dans deux solvants ; par exemple, l'huile et l'eau. M. Overton a fait la remarque très importante que la perméabilité de la membrane cytoplasmique est d'autant plus grande pour une substance que le coefficient de partage par rapport aux substances grasses et à l'eau est plus grand. La glycérine pénètre très lentement dans les cellules, c'est qu'elle est très soluble dans l'eau, faiblement dans l'huile, aussi son coefficient de partage est-il faible. La glycérine monochlorée, pénètre plus rapidement dans les cellules, c'est qu'elle est plus soluble dans l'huile ; son coefficient de partage est plus élevé. Enfin la glycérine dichlorée pénètre instantanément, son coefficient de partage est très fort, parce qu'elle est très soluble dans l'huile.

On obtient des résultats semblables en comparant l'urée ordinaire, l'urée monoéthylée, l'urée diéthylée, l'urée triéthylée (Overton 1895).

Ces résultats expliquent la pénétration facile des colorants vitaux comme le bleu de crésyl, le bleu Nil, le bleu de méthylène, la safranine, le rouge neutre etc., toutes substances solubles dans les corps gras. Des *têtards* placés dans un colorant vital se teignent peu à peu et, sans perdre leur vitalité, se décolorent quand on les transporte dans l'eau distillée. Les colorants vitaux sont tous solubles dans les lipoïdes [matières grasses de la membrane, lécithine protagon (1), cholestérine, cérébrine (2)] ; les colorants non vitaux y sont insolubles.

Cette loi d'Overton, qui avait déja été entrevue par Lhormite (en 1855) « est une des acquisitions les plus intéressantes que la biologie cellulaire ait faites dans ces dernières armées » (Lembling, p. 135).

Elle explique la mode d'action des *anesthésiques*, des narcotiques. Si l'on range les anesthésiques d'après leur pouvoir narcotique croissant, on voit que cette classification est la même que celle obtenue

(1) Peut-être une combinaison de lécithine et de cérébrine
(2) Contient de l'azote, c'est un lipoïde glycosidique.

par la considération des coefficients de partage vis-à-vis de l'huile et de l'eau. C'est d'ailleurs dans le tissu nerveux riche en lipoïdes que l'on retrouve les anesthésiques en plus forte proportion (Gréhant, Nicloux).

La réaction de Wassermann et Takaki pour la toxine tétanique s'explique de même. Si l'on broie la substance grise du cerveau avec cette toxine, elle est fixée par les lipoïdes et le liquide n'est plus toxique. Il se produit ainsi des phénomènes d'adhérence moléculaire ou d'adsorption, comparables à des phénomènes de teinture. Le cerveau traité au préalable par l'éther qui est un dissolvant des matières grasses ne présente plus la propriété précédente. On entrevoit, d'après cette expérience importante, le rôle que peuvent jouer les lipoïdes dans les phénomènes d'*immunité*. Les extraits lipoïdiques des Bactéries fixent les sensibilisatrices. La sensibilisatrice qui prépare les microbes ou les cellules à l'action de l'alexine agit à la façon d'un mordant en teinture. C'est le couple sensibilisatrices et hematies ou Bactéries (anticorps et antigène) qui a pour l'aléxine une avidité d'adsorption plus manifeste que le globule normal ou la Bactérie (Voir l'ouvrage de Burnet).

Ces phénomènes sont susceptibles d'applications *thérapeutiques*. L'iode, par exemple, ne se fixe pas sur les tissus nerveux ; il devient au contraire susceptible d'y adhérer si on le combine avec corps solubles dans les lipoïdes (O. Loeb). On entrevoit dans cette direction tout un champ d'exploration des plus importants.

Il nous reste, en terminant cette étude, à insister sur une propriété remarquable des colloïdes, c'est leur réaction vis-à-vis de la lumière. Le rayon solaire qui est réfléchi par ces substances est polarisé (1). C'est

(1) « Isomerie optique ». La torsion de la chaîne carbonée amène la formation d'un véritable escalier tournant. « Cette

là une propriété importante, découverte par Tyndall et ce phénomène est souvent désigné par le nom de ce physicien. La propriété fondamentale des colloïdes est leur manière de se comporter vis-à-vis des membranes : il suffit d'interposer une membrane entre une grande masse d'eau pour différencier les colloïdes des cristalloïdes : par dialyse, les cristalloïdes passent dans l'eau si on la renouvelle suffisamment car ils diffusent ; les colloïdes ne diffusent pas. Il existe d'ailleurs une véritable gamme entre les colloïdes et les cristalloïdes. Certains ont des particules si grosses dans leurs pseudosolutions qu'elles sont visibles au microscope, ils ne présentent pas de phénomène de diffusion ; d'autres diffusent lentement et on peut fabriquer des filtres de plus en plus fins qui les arrêtent (1) ; d'autres colloïdes traversent les pores très ténus, mais pour ces dernières substances qui se rapprochent le plus des solutions véritables il y a encore un dernier caractère que l'on peut indiquer c'est celui découvert par Tyndall, c'est-à-dire la polarisation. Par cette dernière propriété, les colloïdes font passage aux cristaux liquides ; c'est là une particularité intéressante au point de vue où nous nous plaçons dans cet ouvrage parce qu'elle permet d'entrevoir une transition entre l'organique et l'inorganique, peut-être entre ce qui est vivant et ce qui ne l'est pas.

Buffon a écrit que le « brut n'est que le mort », c'est-à-dire que la matière minérale dériverait de la vie : c'est vrai dans beaucoup de cas, mais a-t-on le

torsion de la chaîne a pour résultat une modification des propriétés optiques de la molécule et nous considérons la polarisation rotatoire comme son expression physique » (Achalme. p. 48.)

(1) M. Malfito (1904) et Berchhold ont réussi à fabriquer des ultrafiltres à l'aide d'une série de lames de papier imprégné de quantités variables de gélatine ou de collodion Ils ont réussi de cette manière à arrêter les colloïdes à granules les plus petits.

droit de généraliser? C'est une hypothèse que Präyer a eu l'audace de soutenir : selon lui, la vie serait primitive et aurait toujours existé; loin d'être venue de la matière minérale, c'est elle qui aurait engendré cette dernière. « De même que les calcaires fossiles proviennent d'animaux très anciens, pareils à ceux d'aujourd'hui, les métaux lourds, les granites, les basaltes sont aux yeux de Präyer les cadavres de léviathans fabuleux » qui peuplaient le globe lorsqu'il était formé de roches en fusion. Malgré le caractère extraordinaire de pareilles conceptions, certains auteurs ont cru devoir les admettre, notamment Fechner (en 1873) et Delbœuf (en 1883 et 1887). Präyer admet l'éternité de la vie; ce qui est récent, pour lui c'est l'inorganique. Seule la vie est éternelle. Adoptant une idée de Proust « et que Norman Lockyer, que Gustave Wendt ont développée récemment, Präyer pense que les divers corps simples de la chimie sont nés peu à peu les uns des autres. Tous proviendraient, en dernière analyse, d'un petit nombre d'éléments ancestraux, d'une matière primordiale unique ». Le système périodique de Mendelejeff doit être remplacé par un système génétique, véritable arbre généalogique des éléments. (Errera.)

BIBLIOGRAPHIE

ACHALME. — Les édifices physico-chimiques. II. La molécule, 1922,

BUFFON. — Œuvres (Edition Flourens, Paris, Garnier t. I, 446).

BURNET. — Microbes et toxines.

COSTANTIN (René). — Sur la compressibilité osmotique des émulsions et l'influence des parois sur l'activité du mouvement brownien (*Ann. chimie et phys.*), 1914.

DELBŒUF. — Matière brute et matière vivante (*Rev. philosophique*, 1883).

DUCLAUX (Jacques). — Les colloïdes, 1920.

Errera. — Loi de la conservation de la vie (*Recueil Inst. bot. Leo Errera* t. IV, 4).

Fechner. — (G. Th.). — Einige Ideen zur Schöpfungs und Entwickelungs geschichte der Organismen, Leipzig, 1873.

Kojuna (Histhosi). — (*Bot. maj.*, Tokio, t. XXXV, 1921, 247; *Japanese J. of Bot.*, 1921-22).

Leclerc du Sablon. — Osmose (*Bibl. de Culture générale*, 1920).

Mez und Lange. — Sero-diagnostiche Untersuchungen über die Verwandtschaften innerhalb der Pflanzengruppe der Ranales (*Beitr z. Biol. Pflanzen* t. XII, 218). — M. und Preuss (id , t. XII, 847).

CHAPITRE XI

ORGANISATION (*suite*) L'OSMOSE, LA RESPIRATION ET LA KARYOKINÈSE

Les recherches désormais célèbres de parthénogénèse expérimentale dans lesquelles s'est illustré M. J. Loeb relèvent encore du domaine de l'osmose, elles ont permis d'aborder diverses questions d'un haut intérêt physiologique, notamment celle de la respiration.

M. Warburg a constaté que l'évolution des œufs d'Oursins peut être mise en branle par l'addition d'hydrate sodique. Cependant cette substance ne pénètre pas dans l'œuf qu'il soit fécondé ou non. Lorsqu'on colore, en effet, le liquide par du rouge neutre, les œufs pénétrés deviennent jaune orangé comme l'eau; quand on ajoute de l'eau de soude, l'eau vire au jaune; mais les œufs restent jaune orangé, ce qui prouve que l'alcali n'a pas pénétré et que son action reste limitée à la périphérie. Malgré cela, une telle addition de soude amène une augmentation très notable de la consommation d'oxygène et, en même temps, la division cellulaire commence. Cette respiration intense n'est pas le résultat de la segmentation et du développement de l'œuf, mais paraît en être la cause première, car on peut, par un narcotique, tel que le phényluréthane, arrêter le développement sans que la suractivité respiratoire soit suspendue.

On peut se demander si l'oxydation a lieu surtout à la surface, puisque la soude ne pénètre pas. Il ne semble pas qu'il en soit ainsi. A l'aide de la méthode d'Ehrlich, qui consiste à se servir du bleu de méthylène pour suivre les phénomènes dans les tissus (1), on constate que c'est dans le noyau que l'oxydation s'opère : cette matière colorante se décolore en milieu réducteur et se recolore quand l'oxygène intervient; c'est ce qu'ont constaté M. Unna et M. Lillie. Ils en concluent que le noyau est le siège d'oxydation, tandis que le protoplasma est, au contraire, le siège de réduction (2).

Si c'est dans le noyau qu'a lieu l'oxydation, il faut que l'oxygène ou une substance en produisant ait été mise en contact avec le noyau. Donc quelque chose a filtré au travers de la membrane. Cette membrane doit avoir subi un changement. M. Osterhout a établi que l'hydrade de soude influe sur la perméabilité de la membrane. Il s'est servi pour établir ce résultat important de la méthode qui consiste à déterminer la résistance électrique des tissus vivants (Laminaires). Il a établi ainsi que l'hydrate de soude et en général les alcalis augmentent la perméabilité du protoplasma; les acides, au contraire, la diminuent (diminution suivie d'une augmentation rapide jusqu'à la mort).

(1) Si l'on introduit le bleu de méthylène dans le sang d'un animal on trouve à l'autopsie que le foie, le poumon ont leur aspect normal; le bleu a été décoloré. Il se recolore au contact de l'air.

(2) Warburg a constaté que la respiration de globules nucléés est plus grande que celle de globules sans noyau. Loeb remarque qu'en supprimant l'oxygène, il n'y a ni division nucléaire, ni division cellulaire. M. Vlès arrive à des résultats analogues par l'étude des ions H+ (méthode spectrophotométrique) au voisinage des œufs en voie de division (1922).

Ainsi donc il y a accroissement de la perméabilité de la membrane, mais les lipoïdes n'ont rien à faire avec le phénomène, car la soude n'est pas soluble dans les lipoïdes. En opérant, au contraire, avec l'ammoniaque, qui est soluble dans les lipoïdes, on assiste à la pénétration de l'alcali dans l'œuf, car, avec le rouge neutre de tout à l'heure, le contenu de l'œuf vire au jaune (comme le milieu extérieur).

D'après M. Zavadowsky (1916), dans le cas des *Ascaris*, les œufs avant la fécondation sont entourés d'une couche lipoïdique, qui n'est perméable qu'aux substances solubles dans les matières grasses. Avant la fécondation et, par cela même avant la segmentation, la pénétration de l'oxygène est empêchée. L'œuf vierge est anaérobie obligatoire, en ce sens qu'il est détruit par ses oxydations. La fécondation, qu'elle soit réalisée par l'élément mâle ou par une substance chimique, le transforme en aérobie auquel non seulement les oxydations ne sont pas nuisibles mais indispensables.

D'après les recherches de M. Reed (1916), l'activité des *oxydases* est réalisée en milieu neutre ou faiblement alcalin : en présence de l'acide chlorhydrique, la quantité d'oxygène absorbée par les œufs fécondés est moitié moindre que dans une solution de soude.

Cette augmentation de l'oxydation dans ces phénomènes de parthénogénèse expérimentale est considérable : 400 p. 100 (Oursin, *Arbacia*,) 600 p. 100 (*Strongylocentrotus*). C'est donc une action extraordinairement intense.

Etant donné qu'il y a augmentation de la perméabilité et oxydation, il y a lieu d'admettre que Na OH a donné OH qui s'est porté sur le noyau.

Les expériences de parthénogénèse artificielles ont été qualifiées de « tentative la plus hardie ou du moins la plus réussie dans le but d'expliquer un phénomène de vie par les seules lois de la physique » (Bohn et A. Drzewina).

M. Loeb a été le grand initiateur dans ces travaux ; d'ailleurs voici comment il opère : il traite les œufs non fécondés de *Strongylocentrotus purpuratus* d'abord par l'acide butyrique (2 à 3 minutes), puis il les transporte dans l'eau de mer normale (10-20 minutes), ils s'entourent d'une membrane : il porte alors dans un liquide hypertonique (eau de mer et chlorure de sodium) (ils y restent 1/4 d'heure à 1 heure).

L'acide gras produit une cytolyse périphérique, qui provoque l'accélération de l'oxydation ; mais cet excès d'oxydation peut parfois mettre en liberté des substances nuisibles qui s'accumulent dans l'œuf. M. Loeb obvie à cet inconvénient soit en accélérant les oxydations qui détruisent les poisons, soit en les ralentissant, pour donner aux poisons le temps de s'éliminer. Le premier agent cytolytique peut agir trop brutalement et amener la cytolyse de l'œuf tout entier, ou bien son effet peut être trop faible ou trop lent. On obvie à ces divers cas, soit en plongeant dans l'eau de mer hypertonique et renfermant, par exemple, une certaine quantité d'oxygène, soit dans l'eau privée d'oxygène, soit encore dans un liquide renfermant du cyanure de potassium, qui a la propriété de suspendre les oxydations au sein de la matière vivante.

Les résultats pratiques de ces développements d'œufs sans fécondation ont été très remarquables : des larves ont été obtenues et leur évolution a été poussée très loin par des artifices expérimentaux, notamment par ceux employés par Delage. Il a obtenu huit cas de transformation du stade Pluteus en Oursins complets, deux individus ont vécu seize mois, le dernier obtenu en 1900 est mort en 1911. Il est intéressant de « noter que, parmi ces jeunes Oursins, les trois qui sont parvenus à un âge tel qu'il a été possible de déterminer leur sexe étaient mâles ». (Delage et Goldschmidt.) Ce sont là des résultats extraordinaires, qui semblent devoir conduire ultérieurement à des conséquences pratiques importantes.

Nous devons insister sur un autre point : les phénomènes d'oxydation sont suivis de segmentation et de division karyokinétique.

M. Kovchof a montré qu'il y avait un lien entre la respiration et la quantité de nucléoprotéides élaborés par les noyaux. Il a établi ce résultat avec netteté dans les organes mutilés ou blessés (*Allium Cepa*). Or on sait, d'autre part, par les recherches de Richards, que la respiration est accrue d'une manière notable dans ces conditions.

Il découle donc de cette recherche que, dans les cas de parthénogénèse expérimentale, l'accroissement de respiration doit retentir sur les nucléoprotéides du noyau et mettre en branle les phénomènes karyokinétiques.

M. Loeb envisage également que la formation de la membrane parthénogénétique entraînant la division cellulaire sous l'influence d'agents chimiques, implique la synthèse de la nucléine se produisant sous l'influence de certaines enzymes agissant comme catalyseurs.

Chodat a déjà mentionné (en 1906) le lien qui doit s'établir entre les phénomènes de l'osmose et ceux de la karyokinèse. Il signale dans la phase tonnelet du phragmoplaste une grosse vacuole contribuant à amener le gonflement de cette figure qui tend à devenir tangente à la paroi primitive de la cellule. Cette vacuole par le jeu de l'autorégulation osmotique varie dans les différentes étapes de la karyokinèse. Dans le vacuome signalé par M. Dangeard (fils), on entrevoit comment des pressions peuvent s'exercer sur les 2 pôles, amener le passage du fuseau au tonnelet qui s'aplatit d'une manière exagérée. On comprend ainsi, sans évidemment beaucoup de précision et de certitude, que l'osmose intervient dans ces phénomènes compliqués.

M. Gallardo a essayé d'expliquer les figures karyokinétiques à l'aide d'autres considérations, en faisant intervenir des forces électro-colloïdales. Mathématicien et physicien en même temps que biologiste, il invoque les théories conçues en physique mathématique pour expliquer le spectre magnétique. On connaît les fantômes que l'on obtient lorsque, sur une feuille de papier qui recouvre un barreau aimanté, on saupoudre de la limaille de fer; les grains de cette dernière substance s'agencent en un spectre magnétique dont la figure présente une ressemblance manifeste avec celle qu'on observe dans la karyokinèse. Déjà Fol, Hennegny, Ziegler avaient comparé l'arrangement des fibres achromatiques au moment de la mitose à celui des particules de limaille dans le fantôme précédent, tout en se défendant de vouloir identifier les forces en jeu.

D'autres naturalistes ont eu une conception beaucoup plus simpliste pour expliquer le déplacement des chromosomes le long des fils achromatiques, lorsqu'ils se rapprochent des pôles. Selon Van Bedenen, Boveri, Flemming, Heidenhain, les filaments s'attachent aux segments chromatiques et les attirent vers les centrosomes en se contractant. M. Gallardo considère cette manière de voir comme inadmissible, car elle n'explique pas la présence de radiations autour des centrosomes, non plus que la courbure des filaments contractiles; d'après lui, si ces fils (qui sont d'ailleurs virtuels) exerçaient une traction ils devraient être droits et non courbés.

On ne s'explique pas d'ailleurs la rapide disparition des prétendus cordons contractiles une fois que la division est achevée (1).

Strasburger a imaginé une autre théorie : pour lui les chromosomes glissent sur les filaments du fuseau,

(1) Il n'est, dit Wilson, de substance contractile qui puisse se réduire à rien, même dans l'état de contraction le plus excessif.

attirés par une force chimotactique qui émane des sphères attractives (1).

M. Gallardo rappelle la théorie et les études de physique mathématique qui ont expliqué non seulement le fantôme magnétique mais toutes les forces centrales newtoniennes telles que la gravitation, les attractions électriques, magnétiques, etc. Une théorie très approfondie de cette question a été donnée par Clark Maxwell dans son traité d'électricité et de magnétisme.

On désigne sous le nom de *forces centrales newtoniennes* celles dont les directions passent par des points définis et dont les intensités sont inversement proportionnelles aux carrés des distances.

En supposant ces forces concentrées en des points physiques on a des *centres de forces*, l'espace dans lequel se manifestent les forces s'appelle *champ de forces*. Green a introduit pour la première fois une fonction à laquelle il a donné le nom de *potentiel*, invariable pour chaque point dans un champ déterminé, proportionnel à la somme des quotients des masses agissantes par les distances à ce point. Cette fonction si importante pour l'étude des champs de force a été étudiée surtout par Gauss.

On désigne sous le nom de surfaces équipotentielles ou de niveau celles qui correspondent au même potentiel. La force résultante en chaque point est normale à la surface précédente, c'est ce qu'on appelle la direction du champ en ce point (fig. 23).

Un point libre de se déplacer dans le champ sous l'action des forces suivra une trajectoire dont la tangente représente, en chaque point, la direction du champ. Cette trajectoire s'appelle *ligne de force* et doit couper « normalement les surfaces de niveau ».

Cette conception explique admirablement les spectres magnétiques et électriques. Ces derniers,

(1) Cette opinion adoptée par Hæcker et d'autres auteurs.

comme les premiers, sont formés par l'orientation de certaines particules selon les lignes de forces du champ.

L'expérience suivante illustre nettement ce qu'il

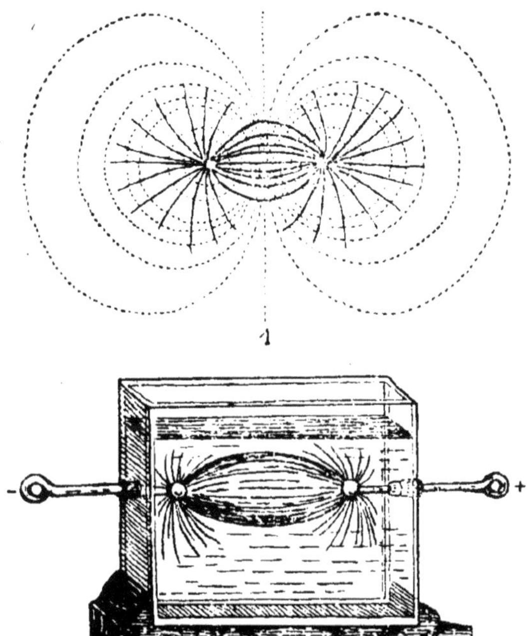

Fig. 23 et 24. — 1. Représentation des lignes de forces (traits pleins) et des surfaces de niveau et les surfaces équipotentielles (traits pointillés) produites par des centres de même charge et de polarités contraires (d'après Gallardo).

2. Cuve contenant de l'essence de térébenthine dont les parois sont traversées par des armatures métalliques permettant de mettre en communication avec une machine électrostatique. Le liquide contient de fins cristaux de sulfate de quinine qui s'orientent de façon à reproduire une figure analogue au spectre karyokinétique (d'après Gallardo).

faut entendre par spectre électrique. Dans une cuve de cristal remplie d'essence de térébenthine se trouvent deux armatures métalliques terminées par deux boules de laiton (fig. 24). On peut, grâce à elles, faire passer l'électricité statique. Le liquide précédent est mauvais conducteur et il contient en suspension de fins cristaux de sulfate de quinine, substance semi-conductrice. En mettant les conducteurs en communication avec une machine statique, on obtient un spectre rappelant, d'une manière frappante, le spectre karyokinétique. Si on a d'autres conducteurs en relation avec la terre, on peut avoir des figures multipolaires. Vient-on à suspendre à l'équateur du fuseau des lames d'or ou des fils de soie, on voit que ces objets sont rapidement attirés vers les pôles et leur marche rappelle tout à fait celle des chromosomes.

« Le protoplasma est une substance hétérogène (structure alvéolaire, granuleuse ou fibreuse, selon les diverses hypothèses) ; il est alors tout naturel que ces alvéoles, granules ou fibres s'orientent selon les lignes de force du champ, comme s'agence la limaille de fer sous l'influence des pôles d'un aimant, ce serait l'orientation des microsomes qui produirait la figure achromatique ».

« Les centrosomes sont des centres de force, puisque le mouvement des chromosomes se dirige vers eux ». Il y a égalité de leurs potentiels, cela est mis en évidence par la position équatoriale des chromosomes à la métaphase. La séparation des deux moitiés du chromosome fendu longitudinalement indique que ces deux parties primitivement neutres prennent des signes contraires et se repoussent. Les chromosomes ainsi fendus cheminent vers un pôle, attirés par lui ; cela « indique clairement le signe contraire des forces qui les attirent ». Il découle de tout cela que les pôles centrosomes — centres de force — sont des signes contraires, l'un + et l'autre — comme dans l'aimant du fantôme magnétique. « On a donc le droit de déduire théoriquement que le fuseau nucléaire et les radiations qui constituent l'amphiaster sont l'extériorisation des lignes de force du champ de force produit par les deux centrosomes (1) ». Quand les chromosomes arrivent près des pôles, les forces attractives sont neutralisées par celles développées dans la centrosome ; il en résulte que la polarité disparaît, le champ de force s'évanouit ainsi que le fantôme magnétique.

De quelle nature sont les forces qui entrent en jeu dans les phénomènes de karyokinèse. Parler de « force karyokinétiques (pour ne pas préjuger de son essence) » c'est faire allusion à une conception qui ne se rattache à rien de connu. Tout semble prouver qu'il s'agit de forces électriques. On a prétendu

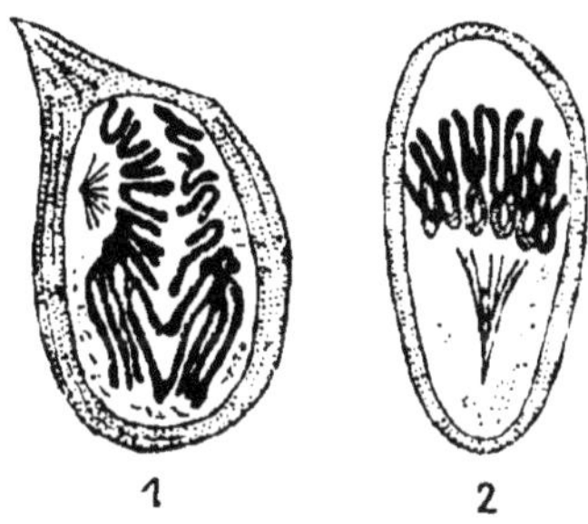

Fig. 25 et 26. — 1 et 2. Déformations des figures karyokinétiques de cellules épidermiques de Salamandre sous l'influence d'un courant électrique (pile de Daniell, bobine de Du Bois Raymond), les électrodes étant appliquées de chaque côté de la queue de l'animal. Déviation vers l'anode (d'après Galeotti).

(Rhumbler, Rossi) contre la nature magnéto-électrique de la cytokinèse que les courants continus pas plus que les courants alternatifs n'exercent d'action sur la direction du fantôme dans les œufs d'Amphibiens en division.

Galeotti a électrisé des Salamandres blessées soit avec une batterie de douze éléments Daniell d'un litre, soit à l'aide de courants alternatifs et il a employé le chariot de Dubois-Raymond. Il a observé des déformations manifestes des figures karyokinétiques (fig. 25 et 26).

(1) Gallardo, p. 16.

M. Mc. Clendon (1910) a étudié de même l'action d'un courant sur une racine d'Oignon ou de Jacinthe, il a constaté que la figure mitotique émigre vers l'anode. Lorsque la mitose avance, l'effet du courant sur la chromatine décroît. Pentimalli (1900) admet, à la suite de ses expériences sur les racines de Jacinthe, que les éléments chromatiques des figures mitotiques ont une charge supérieure à celle que peuvent avoir les particules colloïdales des autres constituants nucléaires et cytoplasmiques. Cette charge électrique est très faible ou nulle dans les particules du noyau à l'état de repos ; elle augmente pendant la division et ceci se traduit par un déplacement vers le pôle. Cette tendance atteint son maximum au stade diaster.

M. Lillie a montré que lorsque des cellules isolées et des noyaux sont plongés dans une solution non électrolytique, du sucre par exemple, dans laquelle passe un courant, les éléments figurés sont transportés par ce dernier, surtout les noyaux libres et les particules formées de matière nucléaire ; cette migration est d'autant plus grande que la chromotine est plus acide. Une tête de spermatozoïde sera attirée plus vite qu'une cellule ou un noyau d'un autre tissu, notamment du thymus. La chromatine, les nucléoles sont à réaction acide ; le protoplasma et le suc nucléaire sont à réaction basique. Ceci semble autoriser à croire que les uns sont électro-positifs et les autres électro-négatifs.

Selon Greeley, le signe de la charge des particules colloïdales protoplasmiques (1) est variable et dépend, comme pour les colloïdes ordinaires, en

(1) Pour Greeley les particules de protoplasma de *Paramœcium* ont des charges négatives ; leur fluidité augmente avec les bases et les anions, tandis que les cations et les acides les coagulent. La fluidité est nécessaire à la vie, aussi les Paramecies se réunissent-elles dans les points qui favorisent cette fluidité : C'est ainsi qu'il explique certains tropismes.

majeure partie de l'alcalinité et de l'acidité du milieu.

Mac Clendon explique ainsi ce déplacement du côté de l'anode. Si on fait passer un courant par une solution contenant une cellule vivante et que la surface de la cellule offre plus de résistance aux ions que le milieu environnant où l'intérieur de la cellule, il s'établit une différence de potentiel entre les deux faces externes et internes (différence proportionnelle à l'angle que fait la direction du courant avec la surface des cellules). Au point où cette différence est la plus grande, c'est-à-dire où la ligne du courant est perpendiculaire à la surface, il s'établit une zone de *tension superficielle diminuée.* Or, comme ce sont les points les plus rapprochés des électrodes, on verra se produire à la surface une saillie, mais du côté de l'anode seulement. Pour expliquer ceci, il admet l'hypothèse que l'œuf est moins perméable aux anions qu'aux cations. Les anions accumulés à l'intérieur produisent une pression sur la surface vers l'anode.

Lillie a complété cette explication en s'appuyant sur la théorie d'Ostwald d'après laquelle, dans l'œuf à l'état de repos, il y a une différence de potentiel de part et d'autre de la membrane protoplasmique, + à l'extérieur, — à l'intérieur ; isoélectrique dans toutes les autres parties à l'intérieur. L'augmentation de perméabilité de la membrane qui est déclanchée par les agents parthénogénétiques se produit d'une manière prédominante en deux pôles opposés de la cellule. Cette augmentation de perméabilité a pour effet surtout de permettre la sortie des ions négatifs (les ions H et divers cations étant petits passent toujours). De là découle que les couches superficielles deviennent moins chargées négativement que les parties centrales et il se produit un pôle.

L'électricité ayant une action si manifeste sur l'évolution cellulaire, on est conduit à rechercher les effets de la matière radiante.

M. Kœrnicke (1906) a étudié l'influence du radium et des rayons Rœntgen sur les graines de Fève et de Navet. Les Fèves ont pu germer et les plantes s'accroître ; le *Brassica Napus* est plus résistant. Dans les bourgeons floraux de *Lilium Martagon*, on observe des formes simulant le stade synapsis dans la division hétérotypique. La chromatine est ramassée en pelote ; les chromosomes se pulvérisent en morceaux et ces derniers entrent en relation avec le fuseau achromatique, comme s'il s'agissait de chromosomes entiers. La chromatine ne se distribue pas régulièrement aux deux pôles. Le kinoplasma, enfin, se développe plus abondamment que dans les conditions normales.

Hertwig a examiné également l'action du radium sur les œufs d'Oursins. Les effets ne se manifestent pas pendant le rayonnement, car il y a latence ; mais après l'expérience on perçoit des modifications sur les spermatozoïdes et les cellules ganglionnaires.

Les effets du radium rentrent d'ailleurs dans le cadre de ceux que nous avons observés en étudiant les propriétés des colloïdes. (Voir la note p. 191.)

On explique la précipitation des colloïdes par les électrolytes en admettant que la charge électrique des granules est neutralisée par l'ion contraire qu'apporte la dissolution du sel ajouté ; les particules qui sont ainsi déchargées cessant de se repousser, peuvent s'agglomérer et se précipiter. Chaque ion ainsi absorbé possède une puissance précipitante d'autant plus grande qu'il est mieux fixé par le colloïde étudié. Ajoutons, fait important, que les rayons β du radium, chargés négativement, précipiteront un colloïde positif.

En étudiant l'action de l'urane et de ses composés, H. Becquerel, en 1896, a trouvé que si on l'approche d'un électroscope à feuilles d'or chargé (dont les deux feuilles d'or divergent) les lames d'or se déchargent. Cela tient à ce que l'air de l'électroscope n'est plus isolant, il devient légèrement conducteur de l'électricité, et la conductibilité plus ou moins grande peut servir à mesurer l'activité des substances radioactives (uranium, thorium, polonium, radium, actinium).

Or, et c'est le point sur lequel il faut surtout insister ici, la conductibilité provoquée par les rayons est tout à fait semblable à celle qu'on observe dans les électrolytes, elle est due à une ionisation. Lorsque le gaz est frappé par le rayonnement du radium, une molécule quelconque de ce gaz est séparée en deux fragments ou deux ions chargés : de la molécule se détache un électron à charge négative et le restant de molécule forme un ion positif. Les deux ions se déplacent dans le champ électrique et ce mouvement constitue le passage du courant électrique dans le gaz ionisé. Il y a donc explosion d'atomes et libération de l'atome électrique ou électron. Dans l'hypothèse de Ramsay, l'atome d'hydrogène comprendrait deux ions H, réunis par un électron E et on peut le représenter par le symbole HEH (1).

En somme, avec la conception de Gallardo, on commence à entrevoir une explication intéressante des phénomènes karyokinétiques. Cet auteur a pu dire judicieusement : « du moment que la figure achromatique tombe sous une loi mathématique, nous connaissons mieux la division indirecte, même sans arriver à son essence, que beaucoup d'autres faits biologiques ». « On ne connaît bien un phénomène que lorsqu'on peut l'exprimer en nombre ». Il est d'ailleurs tout à fait saisissant de constater que

(1) « Un seul rayon X, dit Mme Curie, est capable de produire l'ionisation d'environ 200.000 molécules de gaz » produisant « 200.000 ions disposés le long de son trajet. Ces ions très rapprochés les uns des autres, forment une sorte de colonne de centres chargés et très serrés les uns contre les autres. Si une expérience est faite avec de la vapeur d'eau sursaturée, chaque ion récolte un peu d'eau de manière à faire gouttelette ; on a une file de gouttelettes » si on éclaire et photographie, la trajectoire des rayons X est rectiligne et continue. Avec les rayons β, le nombre des ions est plus petit, la trajectoire n'est pas rectiligne ».

ce sont les mêmes lois qui régissent les mouvements des astres et ceux des particules infiniment petites de la cellule.

BIBLIOGRAPHIE

CHODAT. — Sur la régul. osmot. pendant la caryocinèse (*Bull. Herb. Boissier*, VI, 511, 1906.)

DELAGE ET GOLDSCHMIDT. — Parthénogénèse expérimentale.

DANGEARD P. — (*Comptes rendus de l'Acad. sc.*, 1920).

GALEOTTI. — Ueber expérimentelle Erzeugung von Unregelmässigkeiten des karyokinetischen Processes (*Beitr. path. Anat.* t. XX, 192).

GALLARDO. — Essai d'interprétation des figures karyokinétiques (*Ann. Mus. Buenos-Aires*, t. V, II). — Significando dinamico de las figuras cariocineticas y cellulares (*Ann. Soc. Argent.* t. XLIV, 127).

GREELEY. — (*Biol. Bull.* t. VIII, 1-32).

HEIDENHAIN. — (*Verh. Anat. Ges.* 1896 ; *An. Anz. Erg.*. XII-6).

KŒRNICKE. — (*Ber. d. deutsch. bot. Ges.* t. 23, 324, 404)

KOVCHOF. — (*Ber. d. deutsch. bot. Ges.* t. 21, 165).

LILLIE. — (*Amer. Journ. Phys.* t. VIII, 273).

MAC CLENDON. — (*Arch. Entwick Mech.* t. 31, 80, *Amer. Journ. Phys.* t. 27, n° 11- déc. 1910).

MAXWELL — (Clark). Traité d'électricité et de magnétisme (édit. fr. 1885).

OSTERHOUT. — (*Journ. of. Biol. Chemistry*, nov.-déc. 1914).

PENTIMALLI. — (*Arch. Entw. Meeh*, t. 28, 260).

REED. — The relation of oxydase reactions to changes of hydrogen ion concentration (*Journ. Biol. Chemistry*, t. 27, n° 2, 299, 1916).

VLÈS. — Sur la variation des ions H+ au voisinage des œufs en division (*Comptes rendus Acad. sc.*, 1922, t. 175, 643).

WARBURG. — Notizen zur Entwckelungs physiologie des Seeigeleis (*Pflüger's Arch. ges. Phys.*, t. 160, 234).

ZAVADOWSKY. — Rôle de l'oxygène dans le processus de segmentat. des œufs de l'*Ascaris megalocephala* (*Comptes rendus, Soc. Biol.*, t. 79, réunion de Petrograd, 596 — aussi : Mém. scient. Université Chiniavsky, I-III, Moscou, 1915).

CHAPITRE XII

REPRODUCTION

Il nous reste à examiner un quatrième et dernier caractère des êtres vivants, celui de la reproduction aussi important que ceux envisagés dans les pages qui précèdent.

On distingue deux types de reproduction chez les plantes : la reproduction par spores et la fécondation. Dans les deux cas, l'élément qui donne naissance à un être nouveau est toujours une cellule. Comme exemple de reproduction asexuée ou par spores, on peut citer le cas de la germination des basidiospores du Champignon de couche ou celui des spores issues du sporange d'un Mucor moisissure; dans ces deux exemples, on obtient un Champignon identique à celui dont on est parti.

La notion exacte de ce qu'il faut entendre par fécondation est plus difficile à acquérir. C'est surtout l'étude des Algues qui a permis de préciser les idées sur cette question, grâce à des expériences remarquables. C'est en 1844 que Decaisne et Thuret abordèrent l'examen de la reproduction des Varechs, ces Algues brunes qui sont si communes sur nos côtes. Ils s'adressèrent à une espèce ayant deux sortes d'individus, les uns mâles, les autres femelles, *le Fucus vesiculosus*. Le thalle est aplati avec des vésicules aérifères de place en place, qui permettent à la plante attachée au rocher d'être aisément soulevée par le flot de la marée montante. A l'extrémité des ramifications de la plante, on aperçoit des parties un peu renflées offrant de nombreuses verrues, dont chacune correspond à un petit orifice qui permet de communiquer avec une chambre sous-jacente que l'on nomme conceptacle. Comparant les conceptacles des pieds mâles et ceux des pieds femelles, on voit que les premiers sont remplis de poils très richement ramifiés portant sur les côtés des vésicules colorées, allongées, remplies d'anthérozoïdes à deux cils vibratiles (l'un situé en avant fonctionnant comme une rame, l'autre en arrière remplissant le rôle d'un gouvernail). Les conceptacles femelles ont des poils stériles qui restent simples, des poils fertiles qui demeurent courts et se terminent par une ampoule sphérique donnant naissance à huit oosphères (organes femelles) qui, comme les anthérozoïdes (organes mâles), sont mis en liberté dans leurs conceptacles respectifs; comme ceux-ci sont perforés d'un orifice, ces éléments reproducteurs se répandent spontanément dans l'eau de mer.

Grâce à ces particularités structurales, on conçoit que rien ne soit plus aisé que de faire dans deux cristallisoirs distincts des décoctions dans l'eau de mer d'une part des anthérozoïdes, d'autre part des oosphères. C'est ce qu'ont réalisé les deux botanistes français dont les noms viennent d'être rappelés. Ils ont ainsi constaté que ces éléments reproducteurs isolés ne tardaient pas à se détruire. Ils ont ensuite mélangé les liquides des deux cristallisoirs et, quelque temps après ce mélange, ayant examiné le liquide où abondaient les cellules reproductrices, ils se sont aperçus que les anthérozoïdes se groupaient en certain nombre autour de chaque oosphère, s'appliquaient sur elle, lui imprimaient un mouvement de rotation. Puis tout à coup, le mouvement cessait, un anthérozoïde avait pénétré et une membrane cellulosique se différenciait aussitôt à la périphérie de l'oosphère qui était ainsi transformée en œuf.

Grâce à cette belle recherche, on pouvait donc affirmer que la fécondation consistait dans la fusion d'anthérozoïde et d'oosphère. Un point restait cependant douteux : un seul anthérozoïde pénétrait-il? Cette difficulté a été levée par l'étude de Pringsheim, de 1885, qui porta sur un autre type d'Algue, l'*Œdogonium*, composé d'un filament simple, c'est-à-dire d'une file de cellules s'attachant à la base par un crampon et se terminant à l'autre extrémité par un poil effilé et incolore. Les cellules productrices d'éléments mâles donnent des anthérozoïdes verts; chacun d'eux possède un rostre incolore, entouré d'une couronne de cils vibratiles. On peut, dans le champ du microscope, assister à leur mise en liberté, suivre derrière l'objectif leurs mouvements actifs, assister à la pénétration de l'un d'eux dans une grosse vésicule femelle qui ne contient qu'une oosphère. L'anthérozoïde attiré par un bouton gélatineux formé à l'orifice de la vésicule grâce à un phénomène de chimiotactisme, se laisse prendre bientôt par ses cils vibratiles dans cette sorte de glu et on le voit rapidement disparaître dans l'oosphère auquel il se mêle peu à peu. Lorsque la fusion est complète, une membrane de cellulose apparaît : l'œuf est formé.

C'est cet œuf qui sera apte à donner une plante nouvelle semblable à celle ayant servi d'objet d'étude ou d'expérimentation. La fécondation est donc un phénomène consistant dans la fusion de deux cellules (semblables ou dissemblables) appelées gamètes pour former un œuf qui est une cellule nouvelle apte à donner un être nouveau.

On voit donc ainsi se confirmer l'exactitude de la notion introduite dans la science par Schwann en 1839 que tout être vivant commence par être une cellule. Ce fait a été contrôlé par l'ensemble des recherches faites depuis 1844 et 1855. Spore ou œuf dérivent soit d'une cellule mise en liberté par un être vivant, soit de deux cellules (mâle et femelle), qui se sont au préalable fusionnées l'une avec l'autre avec contraction de l'ensemble, de sorte que l'œuf a un volume plus petit que la somme des volumes des composants. Cette contraction indique, semble-t-il, qu'il y a combinaison chimique et non simple mélange des éléments reproducteurs.

C'est là une étude extrêmement importante qui conduit à formuler cette loi générale que tout être vivant dérive toujours d'un autre être identique qui a engendré le nouveau né par reproduction.

Ce principe, qui nous paraît aujourd'hui si simple et si naturel, a été méconnu ou ignoré pendant un nombre incalculable de siècles. On peut dire que depuis que l'homme pense et depuis qu'il observe, il a cru que la règle précédente est susceptible d'exceptions graves et que, dans certains cas étranges et prodigieux, les êtres vivants peuvent pulluler par génération spontanée. C'est une idée qui nous paraît extraordinaire, et qui cependant a semblé très naturelle à des esprits de premier ordre, à des observateurs sagaces, à des hommes d'un grand savoir et d'un grand génie, comme par exemple Aristote dans l'antiquité.

Comment un naturaliste aussi remarquable, un philosophe aussi profond a-t-il pu croire que divers Poissons, la plupart des Mollusques, certains Insectes pouvaient naître spontanément ? Il déclare gravement que tout corps qui devient humide ou tout élément humide qui devient sec peuvent produire des animaux. Il ne s'étonne pas que des Insectes soient produits par du bois ; il déclare que les Vers intestinaux sont dus à la transformation des excréments, que les Poux s'engendrent dans les chairs, les Chenilles dans les plantes, les Poissons dans les marais desséchés lorsqu'ils se trouvent remplis d'eau à nouveau.

Tous les écrits de l'antiquité prouvent que de telles conceptions étaient universelles. Virgile en parlant du berger Aristée, dans les Géorgiques, indique l'art de faire naître un essaim d'Abeilles du corps d'un Bœuf qui a été immolé. Aristote d'ailleurs croyait que certains animaux naissent dans le corps des êtres vivants qui ne leur ressemblent pas et cela ne lui paraissait pas plus singulier qu'à Hésiode qui croyait que « Zeus a choisi les tiges des Frênes; il les a façonnées et en a fabriqué les hommes de la troisième race. »

Ce sont là des conceptions religieuses qui se retrouvent partout dans le paganisme des Egyptiens, des Chaldéens, comme dans celui des Grecs et des Romains.

Diodore de Sicile, dans sa description de l'Egypte, affirme que les êtres vivants naissent du limon du Nil sous l'influence toute puissante du soleil. La même conception se retrouve dans Lucrèce : « Il faut que la terre ait mérité ce nom de mère qu'on lui donne parce que tout est tiré de son sein. Maintenant encore une foule d'êtres vivants sortent du sein de la terre, où ils se sont formés à l'aide des pluies et de la chaleur ardente du soleil. Il n'est donc pas surprenant qu'alors des espèces plus nombreuses et plus grandes aient pris naissance, quand la terre et le ciel étaient dans toute leur nouveauté. »

Pline assure que la phtiriase, maladie dont mourut Scylla, le célèbre dictateur romain, avait été produite par des Insectes engendrés spontanément dans son corps qui finirent par le dévorer. Plutarque, Galien, Oribase, et un nombre considérable d'auteurs anciens, même modernes (Van Helmont), nous fournissent des preuves des mêmes idées.

Il était nécessaire que des esprits scientifiques, élevés à la discipline expérimentale, vinssent combattre ces fables absurdes. C'est ce que tenta victorieusement Redi (1688), médecin et naturaliste florentin, qui établit, par des recherches rigoureuses et simples, que les Vers observés dans la viande gâtée proviennent des œufs pondus par les Mouches attirées par l'odeur de la matière décomposée; la démonstration en fut donnée d'une manière simple en protégeant la viande avec de la gaze. Dans ces conditions, les mères ne déposent pas leurs œufs et les larves n'apparaissent pas.

Vallisneri, un peu plus tard (1700-1710), compléta cette démonstration pour les Insectes que l'on rencontre à l'intérieur des fruits. Enfin Swammerdam (1737) reprit le cas particulier des Abeilles qui avait été le point de départ de la fable dont Virgile s'était fait l'écho, et il montra que cette opinion de la genèse d'Insectes dans le corps du Taureau immolé était absurde. Grâce aux efforts de ces trois savants, l'origine nécrogénétique (aux dépens d'un être mort) de la matière vivante a pu être déclarée inexacte.

Mais il restait deux autres possibilités : l'origine xénogénétique (d'un être vivant) et l'origine agénétique (d'une substance brute). C'est surtout à l'occasion de cette dernière conception que les grands débats sur la génération spontanée se sont produits au cours du XVIIIe et du XIXe siècle. L'origine xénogénétique (1) a été reconnue fausse, grâce aux belles découvertes des zoologistes du XIXe siècle, lorsque le cycle d'évolution des Vers intestinaux a été découvert; cette histoire zoologique avait déjà été soupçonnée depuis longtemps, notamment par les Hébreux, et c'était pour obvier au danger de la transmission du Ténia, ou Ver solitaire, que la loi de Moïse interdit l'usage de la viande de Porc. Les débats sur cette question spéciale ont pris un nouvel aspect lorsque Trécul invoqua le cas du *Bacillus Amylobacter*, comme

(1) Gallien donnait comme origine des Vers intestinaux la transformation des aliments à l'intérieur du corps. Oribase faisait naître les Oxyures de la bile noire, les Lombrics de la bile jaune et le Ténia de la pituite.

exemple en faveur de la génération spontanée. Il trouvait, en effet, cet organisme dans l'intérieur des cellules du Haricot et il expliquait cette présence étrange à l'aide de l'héterogénèse. Van Tieghem trouva la clé de cette énigme quand il montra que ce Bacille a la propriété de digérer la cellulose de la membrane végétale; grâce à cette particularité, un Amylobacter peut pénétrer dans une cellule du Haricot même profonde vers laquelle il est parvenu après avoir traversé les autres cellules plus externes. Une fois dans la place, la Bactérie se multiplie activement, mais la cellule végétale cicatrise la blessure formée par l'orifice de pénétration; ce point une fois bouché, la boîte est close. Ce cas curieux peut à tort être invoqué (si l'on n'a pas suivi ce développement) comme un argument en faveur de la xénogénèse.

Mais c'est sur la question de la genèse des êtres vivants aux dépens des substances brutes que le débat sur la génération spontanée a pris tout à coup une ampleur extraordinaire, à la suite des recherches d'un habile expérimentateur hollandais, Needham (1737-1745). Dans un flacon bien bouché, il avait introduit au préalable des matières putréfiables; après avoir porté à l'ébullition, il maintenait le vase dans de la cendre chaude. Ouvrant au bout d'un certain temps, il s'apercevait, malgré l'effet incontestablement destructeur de la température de 100°, qu'une multitude de microbes avaient pullulé dans le bouillon et il pouvait avec raison, semblait-il, invoquer cette expérience comme une preuve de la génération spontanée. Buffon n'hésita pas à tirer des conclusions grandioses de telles recherches : « Il n'y a, dit-il, aucune différence absolument essentielle et générale entre les animaux et les végétaux; mais l'examen des faits permet d'observer que la nature descend par degrés et par nuances imperceptibles d'un animal qui nous paraît le plus parfait à celui qui l'est le moins, et de celui-là au végétal ». Il va plus loin, il admet que de l'homme on peut descendre par degrés jusqu'à la matière la plus informe. Il n'y a pas de barrières entre les trois règnes de la nature. Du règne minéral, par transitions progressives, on monte au végétal et de celui-ci à l'animal.

Les expériences de Needham furent répétées par d'autres savants, en particulier par l'abbé Spallanzani (1765) qui affirma qu'elles étaient fautives. En chauffant plus longtemps les vases clos, il y supprimait ultérieurement tout le pullulement des Infusoires et des microbes. Needham ne se déclara pas battu. Il affirma que si les infusions de Spallanzani restaient stériles, cela tenait à ce qu'il chauffait trop, altérant ainsi ou l'air des vases ou la force végétative des liqueurs. La réponse était habile, la composition de l'air était encore inconnue, quant à l'intervention de la force végétative, on pouvait penser qu'elle rappelait un peu trop la vertu dormitive de l'opium dont Molière s'était moqué; malgré cela, un doute subsistait. Gay-Lussac, en étudiant au XIXe siècle les conserves d'Appert, qui sont une application des expériences de Spallanzani à l'économie domestique, confirma, en fait, la remarque de Needham, car il constata que l'oxygène y faisait défaut.

Les expériences de Schwann (1836) furent entreprises pour montrer que, même au contact de l'air, les liquides pouvaient rester intacts. Il maintenait dans le flacon stérilisé un courant d'air continu, à la condition qu'on l'ait fait passer dans un tube plongé extérieurement dans un alliage fusible qui avait été préalablement fondu; l'air ainsi calciné n'intervenait pas pour troubler les liquides. Il est vrai qu'il restait l'objection de la force végétative; on ne savait pas bien exactement il est vrai ce que l'on entendait par là. Schwann faisait remarquer qu'il avait chauffé son ballon peu de temps, mais il pouvait venir à l'esprit (remarque d'ailleurs bien spécieuse) que la calcination avait enlevé à l'air une propriété influant sur la végétation. Schulze (1837) établit qu'en faisant passer l'air sur l'acide sulfurique ou de la potasse au lieu de le chauffer on avait le même résultat. Mais Schröder et Dusch firent mieux, ils le filtrèrent sur du coton et montrèrent qu'il était ainsi stérilisé. On peut dire qu'à partir de ce moment (1854) la mystérieuse entité qu'était la force végétative pouvait être considérée comme vaincue.

Vers 1855, on pouvait donc croire que la question de l'agénèse était résolue et que cette conception n'était pas fondée ; en fait, la lutte allait reprendre avec une vigueur inattendue.

Le feu fut mis aux poudres par une note de Pouchet présentée à l'Académie des sciences le 20 décembre 1858. Il y annonçait la production d'organismes variés au milieu de fragments de foin chauffés à l'étuve, mis au contact d'oxygène. Il affirma même qu'ils pouvaient naître dans un milieu privé d'oxygène, dans le vide barométrique.

Ce travail souleva de nombreuses protestations de Milne Edwards, de Quatrefages, de Claude Bernard, de Dumas, de Lacaze-Duthiers. Quatrefages invoquait les germes de l'air ; Van Beneden, Gaultier de Caulbry soutinrent que la résistance des germes était insoupçonnée de Pouchet et que les procédés de destruction employés par lui étaient insuffisants.

L'Académie des sciences, émue par l'importance du problème, mit au concours le sujet suivant : « Essayer, par des expériences bien faites, de jeter un jour nouveau sur la question des générations spontanées. »

Pouchet de Rouen avait publié un livre sur l'hétérogénèse (en 1859) ; Pasteur entra dans la lice (6 février 1860) attiré, comme le disait Joseph Bertrand lors de l'inauguration de l'Institut Pasteur, par le mirage des problèmes insolubles. Duclaux a pu dire « qu'il n'avait laissé sans réponse aucune des difficultés qu'avaient rencontrées les expérimentateurs qui l'avaient précédé. »

La lutte a continué vive entre Pasteur et ses contradicteurs. Pouchet se défendit aidé de Nicolas Joly, professeur de Physiologie à Toulouse. Ce dernier avait donné à Musset (Charles), son élève, comme sujet de thèse la question de l'hétérogénie. En novembre 1863, Joly et Musset demandèrent à l'Académie de nommer une commission qui devait juger de la valeur des expériences de Pasteur comparée à celles de ses adversaires. Pasteur accepta le défi et la commission fut nommée le 4 janvier 1864, elle comprenait Flourens, Dumas, Bronguiart, Milne Edwards et Balard ; le jour de la discussion fut fixé en mars (première quinzaine). Pasteur se déclara prêt pour la date fixée ; mais Pouchet, Joly et Musset demandèrent un sursis. Ils invoquaient, pour justifier ce retard, que la saison froide était peu favorable à la génération spontanée et le débat fut reporté en juin. Les adversaires se présentèrent alors au laboratoire de Chevreul. Pasteur accepta les conditions imposées par la commission ; Pouchet, Joly et Musset demandèrent à recommencer une série d'expériences ; au lieu de céder, ils abandonnèrent le combat, récusant les juges qu'ils avaient été les premiers à réclamer.

La lutte n'était pas close, elle reprit en 1865 avec V. Meunier (1) ; en 1871, avec Frémy et Trécul ; en 1872, avec Frémy (2).

Les expériences de Pasteur étaient si simples, si ingénieuses et surtout si rigoureuses qu'elles finirent

(1) V. Meunier. Sur la résistance vitale des Colpodes enkystés.

(2) On peut ajouter : tout récemment avec Stéphane Leduc. D'après l'*Œnophile* (janv.-févr. 1914) Ses plantes métalliques « ressemblent étrangement à une *moisissure*, à des conidophores de mildiou, par exemple. La petite plante assimile, croit et *se reproduit*, vit, par conséquent. » (!)

par avoir raison peu à peu de ses nombreux contradicteurs.

Il se procurait d'abord les poussières qui abondent dans l'air et que l'on voit danser dans un rayon lumineux introduit dans une chambre obscure. A l'aide d'une trompe à eau, il faisait circuler dans

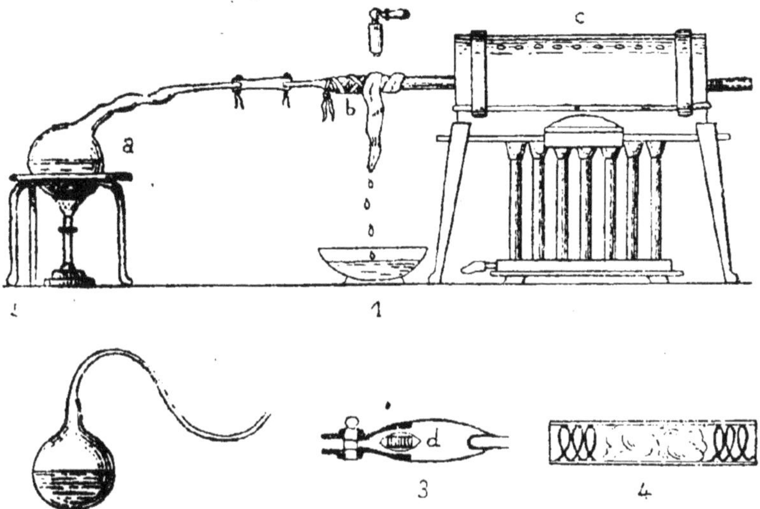

Fig. 29 à 31. — 1. Appareil de Pasteur : a, ballon stérilisé et fermé à la lampe ; b, tube de caoutchouc renfermant l'ampoule de verre contenant le petit tube de coton de la fig. 4. c tube de platine dans un moufle. 2. Ballon doublement coudé présentant dans la coudure inférieure de l'amiante, le ballon contient un liquide chauffé qui ne se trouble pas si l'air intérieur est tranquille. 3. Petite ampoule de verre d contenant le tube 4 (voir au-dessous) qui a récolté les poussières atmosphériques, elle est placée dans un tube de caoutchouc qui permet de briser l'ampoule quand on exerce une pression. 4. Petit tube contenant du coton entre deux ressorts à boudin pour recueillir les poussières de l'atmosphère (d'après Duclaux).

un petit tube contenant du coton retenu des deux côtés par des ressorts à boudin (fig. 31) une quantité considérable d'air. Ce coton, ainsi pollué par tout ce qui existe dans l'air, était alors mis dans une ampoule de verre mince dont les deux extrémités étaient fermées à la lampe (fig. 30). Pasteur voulait montrer, en effet, par des preuves décisives, que ce sont ces poussières atmosphériques qui sont la cause de l'altération des liquides fermentescibles et voici comment il y parvenait.

Il prenait un ballon de verre contenant un bouillon susceptible de s'altérer et de fermenter et il le portait à l'ébullition ; il en effilait alors le col et le fermait à la lampe (fig. 29 *a*). L'extrémité ainsi fermée était engagée dans un tube de caoutchouc, dans lequel se trouvait placée l'ampoule précédente (fig. 29 *b*). Il s'agissait de montrer que l'on pouvait, en brisant l'extrémité du col du ballon précédent, y faire rentrer l'air sans danger s'il avait été, au préalable, stérilisé. Pour réaliser cette condition, Pasteur mettait le caoutchouc contenant l'ampoule en relation avec un tube de platine (fig. 29,) que l'on pouvait porter au rouge dans un moufle (fig. 29, *c*).

Comme de juste, la partie du tube de platine communiquant avec le caoutchouc devait être refroidie. L'appareil ainsi disposé, on brisait la pointe du ballon en exerçant de l'extérieur une pression sur le caoutchouc (un trait de lime ayant été donné au préalable sur la pointe). L'air stérilisé au rouge rentrait dans le ballon sans contamination. Ce résultat une fois acquis, on brisait de même la petite ampoule de verre contenant les poussières et, par des pressions successives de l'extérieur, on arrivait à la faire tomber dans le ballon. Celui-ci, étant ainsi ensemencé par les poussières atmosphériques, ne tardait pas à se troubler en quarante-huit heures ; et il contenait des millions d'êtres vivants.

L'air est filtré par le coton, comme cela résulte de l'expérience de Schrœder et Dusch, de sorte qu'on peut employer cette matière comme bouchon. L'inaptitude de l'air ainsi purifié à féconder ne tient pas au coton, ni à l'ébullition du liquide, car on a les mêmes résultats en supprimant le chauffage si le liquide a été filtré (par exemple sur une bougie Chamberland). Le coton n'est pour rien dans le phénomène et on peut le remplacer par de l'amiante calcinée. On peut d'ailleurs laisser le tube ouvert à condition de couder deux fois la tubulure du ballon (fig. 30), si on opère dans une pièce dont l'air n'est pas agité (1). Dans ces conditions, le ballon reste stérile. Les poussières de l'atmosphère sont pesantes ; elles tombent en bas de la coudure, y restent et le liquide peut continuer à communiquer librement avec l'air extérieur sans se contaminer.

On était en droit de croire, à la suite de toutes ces expériences si bien conduites, que la question de la génération spontanée était à jamais enterrée. Il n'en était rien : comme l'oiseau incendiaire qui renaissait indéfiniment de ses cendres, comme l'hydre de Lerne dont il restait toujours des tronçons vivants insoupçonnés, la question de l'hétérogénèse devait être ressuscitée avec une vigueur extraordinaire par un savant inconnu qui était un adversaire redoutable. En fait, comme Duclaux l'a avoué, ses objections embarrassèrent longtemps Pasteur et ses élèves. D'ailleurs, la lutte ainsi suscitée fut très utile aux progrès de la science.

En 1870, puis en 1876, un jeune médecin anglais, le Docteur H. Charlton Bastian, professeur d'anatomie pathologique à l'University College de Londres, rouvrit le débat. Il raisonnait très habilement de la manière suivante : « Ces liquides que vous avez fait bouillir dans vos expériences et que vous faites servir

(1) Tyndall a réalisé une expérience de stérilisation analogue en enduisant de glycérine une caisse fermée présentant 2 fenêtres qui peuvent permettre, la première de laisser passer un rayon lumineux (où dansent d'ordinaire les poussières), la seconde de placer l'œil à l'extérieur. Si le rayon lumineux est visible, il y a encore des poussières ; s'il n'est plus visible, c'est que peu à peu les poussières sont tombées et ont été retenues par la glycérine. A ce moment l'air est *optiquement pur*. On peut alors déboucher (de l'extérieur) des flacons contenant des liquides altérables, ils ne se corrompront plus.

à montrer qu'il n'y a pas de génération spontanée, peuvent au contraire servir à montrer qu'il y en a une, dont vous n'avez pas su trouver les conditions (1) ». Voici comment il opérait, il prenait de l'urine et la faisait bouillir, puis la rendait neutre ou légèrement alcaline en y ajoutant une petite quantité d'une solution de potasse également bouillie. Or, en mettant à l'étuve à 50°, au bout d'une dizaine d'heures, on trouvait le liquide peuplé de Bactéries. Bastian concluait en disant : « Tout ayant été chauffé à l'ébullition, les microbes ne peuvent venir que de la matière inorganique qui s'est organisée ; vous assistez donc à une génération spontanée ». Pasteur reconnut l'exactitude de l'expérience précédente quand il l'eut répétée. Il y répondit en l'expliquant, mais il trouva dans Bastian un contradicteur tenace et la discussion menaçait de se prolonger quand, au mois de juillet 1877 (2), Pasteur trouva une solution sans réplique de l'énigme. La réponse première est qu'un liquide bouilli peut contenir des germes vivants sans qu'ils se développent. Pour stériliser sûrement un liquide acide, il faut le chauffer à 110° ou même à 120°, à cause de l'existence toujours possible des spores de *Bacillus subtilis*. C'est de cette notion que date l'introduction de l'autoclave dans les laboratoires et Chamberland mit en lumière dans sa thèse de doctorat la nécessité de l'emploi de cet appareil ; ce travail marque une date importante dans l'histoire de la microbiologie.

En second lieu, la température de 120° stérilise les liquides sans détruire les spores desséchées sur la paroi de verre. « Un vase à moitié plein que l'on expose à cette température peut être stérile dans la partie occupée par le liquide, et non dans la partie

(1) Duclaux. Microbiolog. I, p. 94.

(2) La discussion fut close par la nomination d'une commission de l'Académie des sciences, qui, par suite de l'attitude de Bastian, se sépara avant de fonctionner.

au-dessus, surtout s'il y a des anfractuosités (1). » C'est cette constatation qui a conduit à la pratique du « flambage » pour la verrerie sèche qui maintenant est universellement pratiquée dans les laboratoires de microbiologie. A la suite de ces études triomphantes, Bastian garda le silence et on put croire qu'il s'était senti vaincu. En 1878, à l'Académie de médecine Pasteur terminait son long labeur et ses combats sur le sujet en disant : « J'ai cherché pendant vingt ans la génération spontanée, ma conclusion a été que cette doctrine est chimérique (2). »

Cependant Bastian gardait foi en la cause qu'il avait défendue, et, après un silence de plus de 20 ans (Pasteur étant mort en 1895), il fit paraître un ouvrage intitulé *Studies in heterogenesis* où il disait dans la préface : « Le fait de ce silence de vingt ans sur ces deux sujets (archebiose et hétérogénèse) a pu donner à beaucoup l'idée que je me sentais battu et que j'avais abandonné ma cause. Pendant ce temps, les *bactériologistes avaient fait un peu partout les découvertes les plus extraordinaires.* Il en résulta un avancement dans les sciences de la plus haute importance du point de vue médical, et qui parut à beaucoup compatible seulement avec les idées opposées aux miennes. En réalité, mes idées et les travaux bactériologiques modernes ne sont nullement inconciliables (3). »

Au mois d'octobre 1910, Bastian présentait à nou-

(1) Duclaux, p. 92.
(2) Bull. Acad. de médecine, 16 juillet 1878.
(3) Pasteur écrivait à Bastian, en 1877, « Savez-vous pourquoi j'attache un si grand prix à vous combattre et à vous vaincre? C'est que vous êtes un des principaux adeptes d'une doctrine médicale, suivant moi funeste au progrès de l'art de guérir, la doctrine de la spontanéité de toutes les maladies. Vous êtes de cette école qui inscrirait volontiers au frontispice de son temple, comme le voulait naguère un membre de l'Académie de médecine de Paris : « La maladie est en nous, de nous, par nous ». Voilà l'erreur préjudiciable, je le répète au progrès médical ». (La maladie produirait les microbes par génération spontanée).

veau à la Royal Society de Londres un mémoire sur « l'origine de la vie », mais ce travail ne fut pas jugé digné « d'être accueilli favorablement ». Peut-être le découragement précipita-t-il la fin de ce savant, sa mort survint le 17 novembre 1915 (1).

Errera, au sujet de ces débats, mentionne la passion ardente qui animait ces discussions avec Bastian, « avec Pouchet, soutenu par le parti avancé », il signale la campagne de presse habilement menée contre Pasteur, « les pamphlets, les meetings et l'intrusion tout à fait déplacée de la politique en matière de science. Tout ce bruit est aujourd'hui apaisé et il ne saurait plus y avoir de doute parmi les hommes compétents (2). »

Il n'y a donc, à l'heure actuelle, aucun fait plaidant en faveur de la génération spontanée. Cependant, à une date récente, Ostwald, Errera, en étudiant un phénomène qui paraît sans rapport avec cette question de l'hétérogénèse, celui de la surfusion des cristaux, sont parvenus à lui donner un regain d'actualité; c'est le point qui va être traité dans le prochain chapitre.

(1) Dans ses derniers essais dédaignés par les savants anglais, Bastian a soumis des substances colloïdales à la stérilisation notamment la silice colloïdale, préparée par la méthode de Graham. Il a cru y trouver des Microcoques, des Torules. Jacques Duclaux a peut-être trouvé la clef de cette confusion, quand il a écrit : « On est arrivé maintenant à la conception qu'une solution de silice contient des micelles formées d'un grand nombre de molécules de silice, unies entre elles par le même lien qui unit les molécules de maltose dans l'amidon... et ce composé présente de *remarquables ressemblances avec la matière organisée naturelle.* » M. l'abbé Maumus a repris les expériences de Bastian avec le plus grand soin de juillet 1914 à mai 1915 : il a répété tous les détails de la technique sans résultats probants en faveur de la thèse de Bastian.

(2) Voir aussi Duclaux. Pasteur. Histoire d'un esprit. 1896.

BIBLIOGRAPHIE

ARISTOTE. — De generatione animalium, II, I, Historia animalium I, 5.

BASTIAN. — Studies in heterogenesis, 1903. — Evolution et la vie (trad. de Varigny). The nature and Origen of Living Matter. 1905, *Revue scientif.* 1919 et BONNIER. En marge de la Grande Guerre (1916), chap. VI.

BUFFON. — Œuvres complètes. Histoire des animaux. Traité de la génération, t. II.

CHAMBERLAND. — Thèse de Doctorat.

DUCLAUX. — Traité de Microbiologie. I, Microbiologie générale (chap. IV. Générat. spontanée).

JACQUES DUCLAUX. — La Matière organisée.

Dr ABBÉ MAUMUS. — La cellule. Son origine. Sa vie. Sa mort. (2 volumes, 1918.) (voir *Revue scientif.* 20 août 1916).

MUSSET CHARLES. — Nouvelles recherches expérimentales sur l'hétérogénie ou génération spontanée. (Thèse.)

NEEDHAM. — Nouvelles découvertes faites avec le microscope. Leyde, 1737. — Notes sur les nouvelles découvertes microscopiques de Spallanzani. — Nouvelles recherches physiques et mathématiques sur la nature. Paris, 1768.

PASTEUR. — Examen de la doctrine des générations spontanées (*Ann. de chimie et de physique*, 3e sér. t. 64, 1882). Voir aussi : *Comptes rendus de l'Académie des sciences*, depuis 1863.

POUCHET. — Hétérogénie ou Traité de la génération spontanée. Paris. J. B. Baillière, 1859.

POUCHET. — Note sur les protoorganismes végétaux et animaux, nés spontanément dans l'air artificiel et dans le gaz oxygène. (*Comptes rendus de l'Acad. sc.* 20 déc. 1858.)

REDI. — Experienzi intorno alla generazione degli insetti. Florence, 1688. — Osservationi intorno animali viventi che si trovano negli animali viventi, 1681.

SCHRODER UND VAN DUSCH. — (*Ann. der Chemie u. Pharm.* t. 89, p. 232, 1854).

SCHULZE. — (*Ann. de Poggendorff*, 1836). — Notice sur le résultat d'obser. exp. sur la génér. spontanée (*Ann. sc. nat. Zool.* 2e série, t. 8, p. 320).

SCHWANN. — (*Annales de Poggendorff*, t. XLI, 1837.)
SPALLANZANI. — Opuscule de physique animale et végétale. Pavie, 1787. — Observations et expériences sur les animalcules (Réédité par Gauthiers Villars 1920).
SWAMMERDAM. — Biblia naturae, seu natura insectorum. Leyde, 1737.
TYNDALL. — Essays on the matter floating in air, 1881.
VALLISNERI. — Dialogi fra Malpighi e Plinio, intorno la curiosa origine di molti insetti. Venise, 1700. — Considerazioni ed esperienze intorno alle generazione dei vermi ordinari del corpo umano. Padoue 1710.
VAN HELMONT. — Opera omnia. Francfort 1682 (chap. 21. p. 108). (Voir aussi traduction française de Jean Le Conte, docteur médecin, Œuvres de *Jean Baptiste Van Helmont*, Lyon, 1670, t. I. ch. XVI, p. 104.)
VIRGILE. — Géorgiques, livre IV, vers 78 et suiv.

CHAPITRE XII

LA VIE DES CRISTAUX

Les cristaux sont des substances qui présentent des ressemblances assez singulières avec les êtres vivants. Il est d'abord nécessaire d'insister sur ces curieuses similitudes.

Chacun sait que les cristaux ont une forme spécifique caractéristique. C'est là une particularité qui les rapproche des substances animées. Si l'on envisage, comme le faisait Le Dantec, que la structure cristalline est fonction de la constitution chimique, l'architecture géométrique du cristal est la conséquence nécessaire de l'organisation moléculaire. Il paraît en être de même pour les animaux et les plantes. Pour Le Dantec, la forme déterminée que prend un animal (par exemple un Bœuf) ou une plante (par exemple un Haricot) est, pour ainsi dire, « la forme cristalline de la matière vivante ». La morphologie de l'être vivant, externe ou interne, que nous étudions dans un cas avec notre œil et dans l'autre avec un microscope est fonction de la molécule chimique Bœuf ou Haricot. S'il en est ainsi, il doit y avoir des transitions entre l'architecture souple et flexible de l'être vivant, caractérisée par sa mollesse, par la courbure des surfaces et des contours et la structure géométrique, inflexible, rigide, à facettes du cristal. Ces termes de passage se manifestent, par exemple, pour le soufre sublimé qui peut présenter une forme utriculaire comme s'il était composé de cellules. D'autre part beaucoup d'êtres vivants nous révèlent une structure géométrique, cela est manifeste dans la forme des cellules qui est sphérique, prismatique, cylindrique, polyèdrique ; cette architecture régulière se trahit dans la morphologie d'un Reseau d'eau (*Hydrodictyon*) d'un Péridinien, d'un Radiolaire.

Une autre analogie, liée intimement à la constitution chimique, se révèle par la considération des substances *isomorphes*. On sait qu'on désigne sous ce nom des corps présentant une parenté minérale, tout à fait semblable à celle qui existe entre les animaux voisins, entre les plantes d'un même genre et d'une même famille. Si des substances chimiques de composition tout à fait comparable ont des formes cristallines identiques, elles sont superposables géométriquement, aussi peuvent-elles se substituer l'une à l'autre dans la cristallisation : ces propriétés tiennent à ce qu'elles appartiennent à la même famille chimique. Les aluns se reconnaissent comme faisant partie d'un même groupe bien caractérisé, et ils se ressemblent entre eux comme divers genres de Crucifères ou de Labiées.

Ces remarques conduisent à penser que la parenté des êtres vivants tient à la similitude des substances chimiques qui les composent, des produits qu'elles forment, des excreta qu'elles rejettent au dehors. Les animaux voisins, les plantes affines sont des ouvriers qui travaillent de la même manière, qui mettent en œuvre les mêmes matériaux, qui ont des outils presque identiques, aussi leurs œuvres se ressemblent-elles. Armand Gautier a donné une illustration très remarquable de cette conception, quand il a établi la parenté chimique des matières colorantes des vins, dans ses recherches sur l'œnoline.

Il établissait dans quelle mesure les plasmas sont alliés en comparant le pigment de l'Aramon, du Teinturier, deux variétés de Vigne qui ont servi à obtenir par croisement le petit Bouschet (1). Voici les formules des matières colorantes de ces trois plantes :

Pigment de l'Aramon (paternel) $C^{46}H^{36}O^{20}$
« « du Teinturier (maternel) $C^{44}H^{40}O^{20}$
« « du Petit Bouschet (hybride) $C^{45}H^{38}O^{20}$

Ce que Gautier a établi pour les matières colorantes, il le croit vrai pour les albumines du singe, de l'homme ; il pense qu'il en est de même des toxines, des antitoxines et ce que nous avons dit plus haut (p. 133) plaide bien en faveur de cette conception.

En somme, il paraît découler de ce qui vient d'être exposé que *l'organisation* très spéciale que nous présentent les êtres vivants se trouve liée intimement à leur constitution chimique. Ce n'est là, il faut bien le dire, qu'une explication globale qui, par sa généralité même, reste assez vague et on est loin d'entrevoir ainsi les raisons de l'extrême complexité du corps des animaux et des plantes.

Mais l'organisation ne suffit pas à caractériser la vie. Les cristaux croissent-ils ? Se nourrissent-ils ? Il suffit de rappeler que le chimiste peut, à volonté, en nourrissant un cristal, le faire grossir peu à peu : *croissance* et *nutrition* sont donc des propriétés communes à la matière vivante et à la matière cristallisée. Il est vrai que le germe cristallin doit être placé dans une solution de substance identique à la sienne ou du moins voisine, dans le cas de l'isomorphisme. L'être vivant est, au contraire, placé dans un milieu

(1) On peut réaliser des hybrides minéraux en plongeant un alun ordinaire (de potasse et d'alumine) dans les eaux mères de l'alun de chrome (de potasse et de chrome).

de composition chimique très différente de celle de son protoplasma : il y a donc là une dissemblance fondamentale qui paraît très grave.

M. Bohn et Mlle Drzewina font remarquer que « les plantes et les animaux ont tous une polarité et des propriétés dirigées ou vectorielles, comme les cristaux. Certains auteurs ont été conduits à attribuer au protoplasma une structure cristalline (1) ». La théorie des micelles de Naegeli (1884) a été reprise par Sachs, et, s'il n'est pas très affirmatif en ce qui concerne la structure cristalline des molécules qui s'agglomèrent pour former les substances organiques, selon lui, elles auraient plusieurs diamètres, c'est-à-dire qu'elles seraient douées de polarité comme un aimant. Cette hypothèse, selon M. Bohn et Mlle Drzewina, prend une certaine importance depuis les recherches récentes sur les « cristaux liquides » et les « liquides cristallins » (Ch. Maurin) qui ont une tendance à l'orientation des molécules. Sous l'influence des forces extérieures (flexion, torsion, pression) (2), un morceau de verre peut manifester la polarisation du rayon lumineux qui le traverse. De même, les solutions colloïdales acquièrent assez rapidement la biréfringence.

« Les molécules d'un organisme vivant auraient aussi tendance à s'orienter, d'une part les unes par rapport aux autres et d'autre part suivant la direction de certaines des forces du milieu extérieur, telles que la lumière et la gravitation (3) ». L'assimilation nutritive s'expliquerait par la théorie tourbillonnaire, comme un phénomène d'influence moléculaire, de contagion de mouvement (Erlsberg). « Lorsqu'une

(1) P. 16.

(2) Les oléates, les composés de cholésterine, les éthers éthyliques, le paraazoxyphénol, etc., sont des composés dont l'orientation des molécules est soumise à l'action des forces extérieures.

(3) Bohn et Drzewina, p. 18.

molécule protoplasmique vibre dans le voisinage d'une substance de constitution appropriée, elle lui communique son mode de vibration et le mode d'arrangement des atomes qu'elle a elle-même ; elle transforme ainsi cette substance en protoplasma semblable à elle ». *L'assimilation* est un phénomène *d'induction chimique*; « chaque molécule de la matière vivante serait le siège de forces, de mouvements capables d'organiser d'autres molécules semblables. »

Ces transformations se produisent par l'intervention des diastases ou de *catalyseurs* qui sont des composés organo-métalliques où des traces de métaux jouent le rôle d'accélérateurs des réactions chimiques.

Quand on fait des précipitations fractionnées de la laccase (diastase oxydante de l'arbre à laque) par l'alcool, l'activité des ferments est d'autant plus forte que leur teneur en manganèse est plus élevée. La laccase de la Luzerne est, au contraire, très peu active ; elle est pauvre en manganèse, mais elle prend une activité comparable à celle de l'arbre à laque si on lui ajoute un peu de sel manganeux (d'après M. Gabriel Bertrand).

Cet auteur considère donc la laccase comme associée à une co-diastase minérale, vis-à-vis de laquelle la diastase jouerait le rôle d'acide faible. Quand on donne à cette complémentaire organique la forme colloïdale, en ajoutant à du chlorure manganeux en milieu alcalin, de l'albumine, de la gélatine, de la dextrine, on réalise un complexe dont le pouvoir oxydant vis-à-vis des polyphénols (par exemple) est intensifié (A. Trillat). On a vu d'ailleurs que l'on pouvait remplacer le manganèse par le fer. Les activités avec ces deux métaux ne sont pas les mêmes vis-à-vis d'une même substance et on entrevoit l'origine de la spécificité des diastases : le ferrocyanure de fer colloïdal additionné de citrate trisodique agira sur l'hydroquinone, tandis que le sulfate manganeux additionné de citrate sera inactif sur cette même substance.

La constitution des catalyseurs naturels rappelle donc celle des catalyseurs métalliques, par exemple l'hydrosol métallique de platine de Bredig ; ils présentent l'état colloïdal et sont des suspensions de particules ultramicroscopiques s'agitant constamment ; cette activité moléculaire serait même la cause ou une des causes des effets qu'ils produisent.

Si l'on met du sucre dans un verre d'eau, il a une tendance à se décomposer en glucose et lévulose ; vient-on à ajouter au liquide un catalyseur, la sucrase, on accélère le phénomène. On peut attribuer aux ions de l'eau la première tendance : ces ions peuvent être considérés comme des agents de catalyse. Ces diastases agissent à des doses infimes, la sucrase peut transformer 200.000 fois son poids de saccharose (O'Sullivan et Thomson).

Ces phénomènes sont réversibles. L'émulsine disloque les glucosides : la salicine par exemple, est transformée en glucose et saligénine. Bourquelot a reconnu qu'elle peut refaire les glucosides qu'elle a dédoublés. Une même diastase est susceptible d'accélérer l'une ou l'autre des réactions antagonistes. Il y a des diastases des matières albuminoïdes et, bien que leur rôle soit encore peu connu, il est analogue : elles disloquent ces substances azotées, mais peuvent les reconstituer par synthèse (Herzfeld, 1914).

La théorie qui rattache la catalyse à l'ionisation que nous venons de formuler a beaucoup de vraisemblance. On sait qu'avec les acides et les bases on peut réaliser un très grand nombre de réactions des diastases. Or, dans une solution d'un acide ou d'une base, un certain nombre de molécules de ces derniers éléments se fragmentent. La force d'un acide dépend de la proportion des ions H ; l'activité d'une base est fonction des ions OH. En présence d'une petite quantité d'acide sulfurique, le sucre de canne est transformé par hydratation en glucose et lévulose.

L'autocatalyse intervient pour compléter l'action du début. La trypsine désagrège les albuminoïdes et produit du glycocolle, de l'alanine, de la leucine, de l'asparagine, de l'acide glutamique, de la phénylalanine, du tryptophane. Or ces produits de dégradation peuvent, dans certaines conditions, compléter et remplacer la cause primitive qui produit soit l'hydrolyse, soit la synthèse (Herzfeld). L'effet et la cause se confondent, de sorte que la réaction se renforce d'elle-même.

Les catalyseurs solides ont des propriétés analogues. Le noir de platine décompose l'eau oxygénée, il agit alors comme catalyseur de désoxydation ; mais quand il transforme l'alcool en aldéhyde, c'est un catalyseur d'oxydation.

Selon M. Sabatier, il se formerait à la surface du platine un sous-oxyde de platine instable, qui se détruirait en dégageant son oxygène et deviendrait oxydant en régénérant le métal.

Comme les ferments figurés, les catalyseurs solides sont gouvernés par la loi de l'optimum, c'est-à-dire qu'il y a une température optimale pour laquelle le phénomène s'accomplit avec le maximum d'intensité ; ce sera 180°, par exemple, pour les hydrogénations par le nickel. Il y a une spécificité des catalyseurs solides comme pour les ferments solubles : le cuivre déshydrogène les alcools, tandis que l'oxyde de thorium les déshydrate.

Selon M. Sabatier, les catalyseurs solides possèdent des « vitalités » très inégales, comme cela s'observe pour la Levure vivante, selon les conditions plus ou moins avantageuses de sa production : le nickel obtenu par réduction de son oxyde à une température inférieure à 200° est un catalyseur puissant; si on le réduit au rouge, il n'a presque plus d'action.

Enfin il a été établi que les catalyseurs solides

peuvent être *paralysés et tués* comme les ferments diastasiques par les poisons, par la chaleur (1).

M. Sabatier dit qu'à cause de toutes ces ressemblances, l'allure des catalyses conduites à l'aide de corps solides « rappelle fréquemment celle des fermentations et même celle de la vie », il n'hésite pas aussi à parler de la jeunesse et de la vieillesse des catalyseurs.

Ce sont là des données tout à fait remarquables et de la plus haute portée. En somme, on commence à entrevoir des ressemblances frappantes entre les phénomènes diastasiques et les actions métalliques qui agissent sur le milieu pour produire des transformations que l'on observe dans l'assimilation.

Les différences que nous mentionnions plus haut entre la nutrition de la Levure et celle d'un cristal dans son eau-mère tendent à diminuer. Cependant y a-t-il dans la nutrition des cristaux quelque chose d'analogue aux transformations du moût de bière sous l'influence des cellules ? Il semble que le cristal trouve la matière qui doit le former dans le milieu où il plonge. Etudions cependant d'un peu près une nouvelle propriété du cristal par laquelle il se rapproche des être vivants : la *cicatrisation* grâce à laquelle nous pourrons peut-être entrevoir une réponse à la question que nous venons de poser.

On sait que si l'on pratique l'ablation d'une partie du corps d'un végétal, au bout de peu de temps, non seulement la blessure est cicatrisée par le tissu subéreux, mais des branches nouvelles apparaissent à la place de celles qui ont été enlevées : le bouturage et le marcottage sont fondés sur ce principe. On peut séparer une branche de Saule ou de Peuplier, une feuille de *Begonia* ou de *Bryophyllum* et les racines qui se produisent, la nutrition qui s'opère, les bour-

(1) L'activité du chlorure manganeux additionné d'un colloïde (albumine, dextrine) est détruite par la chaleur.

geons qui se développent finissent par reproduire un végétal identique à celui qui a servi de point de départ. Les mêmes résultats s'observent dans le règne animal, en général avec moins de facilité : à ce propos, les expériences de Tremblay sur le bouturage des Hydres vertes sont célèbres.

Des faits analogues se passent lorsqu'on blesse un cristal et qu'on l'immerge dans une solution de la substance dont il est formé.

« Lorsque, dit Pasteur, un cristal a été brisé sur l'une quelconque de ses parties et qu'on le replace dans l'eau-mère, on voit en même temps que le cristal s'agrandit dans tous les sens par dépôt de particules cristallines, un travail actif avoir lieu sur la partie brisée et déformée ; et, en quelques heures il a satisfait, non seulement à la régularité du travail général sur toutes les parties du cristal, mais au rétablissement de la régularité dans la partie mutilée. »

D'après Gernez, une solution donnée peut être saturée par rapport à une face et ne pas l'être par rapport aux autres, ou encore la face blessée est moins soluble, la croissance s'y fait d'une manière prépondérante. Ceci nous apprend donc que dans le cas de nutrition d'un cristal, il se passe entre les faces et le milieu qui l'entoure des réactions moléculaires qui amènent ces changements. Ce ne sont peut-être pas des phénomènes aussi intenses que dans le cas du globule de Levure immergé dans le moût, ils sont cependant de nature complexe probablement électrique. Quincke envisage les énergies créatrices de cristaux comme subordonnées à la présence d'ions libres ; à côté de ces derniers se trouvent des molécules salines neutres dont la présence implique différents degrés de concentration. Dans l'état actuel de nos connaissances, nous ne savons pas exactement quels changements la mise en liberté des ions provoque dans les diverses couches de la solution. Dans une solution aqueuse d'un sel, il y a des parties denses, d'autres plus pauvres ; il en résulte des tensions superficielles se produisant entre ces régions ; ces actions jouent un grand rôle dans la formation des cristaux. Or on sait qu'on peut déterminer le poids moléculaire par la considération des tensions superficielles, poids lié à la pression osmotique et à la dissociation électrolytique.

L'organisation d'un cristal dépend de deux choses : 1° de la molécule cristallographique (Mallard), qui est un agrégat de molécules chimiques doué d'une forme géométrique déterminée ; 2° d'un réseau plus ou moins régulier, le long duquel sont rangées les particules précédentes. Il y a donc à envisager deux sortes de figures géométriques : celles des molécules cristallographiques, se trahissant par des propriétés optiques ; celles du réseau. Ces deux symétries pouvant s'accorder ou être discordantes.

Ceci nous apprend donc que le passage de l'état de solution à l'état cristallisé est loin d'être simple et n'est pas si éloigné qu'on pourrait le croire des phénomènes de l'assimilation dans la nutrition des êtres vivants.

Les observations de Schroën ont d'ailleurs montré qu'il y a, dans la cristallisation de l'alun par exemple, un stade précristallin correspondant à une masse granuleuse qu'il compare au protoplasma et qu'il désigne sous le nom de *pétroplasma*. Il s'y différencie ensuite des formations centrales rappelant le noyau, de sorte que l'on a ainsi des pétroblastes rappelant des cellules ganglionnaires ou des ostéoblastes. Les territoires cristallins qui apparaissent d'abord n'ont rien de mathématique ; bientôt un premier angle de crital se forme, puis un autre, enfin les pans, les arêtes. Ces éléments s'accroissent par intussuception comme les membranes végétales.

En chaque point d'une face cristalline, il peut y avoir dépôt, c'est-à-dire gain et redissolution, c'est-à-dire perte. C'est l'un ou l'autre effet qui domine, suivant que la solubilité relative est plus ou moins grande sur la face considérée. S'il y a blessure, c'est le dépôt qui devient prédominant. Selon Ostwald, la solubilité a diminué sur la face mutilée parce que la cristallisation tend à constituer un polyèdre pour lequel l'énergie de surface présente un minimum relatif.

Dès que le cristal est retiré de l'eau-mère, il ne peut plus se nourrir ; il tombe dans une période d'immobilité qui rappelle la vie latente des graines. L'état du milieu règle les échanges. Si l'eau-mère se sature, il assimile ; si elle se désature, il désassimile.

Malgré ces analogies nombreuses, il semble cependant qu'il reste une différence capitale entre le cristal et l'être vivant : ce dernier se reproduit. Voyons si un phénomène semblable existe dans les substances cristallisées.

Germes cristallins. On a dit que « le type cristal ne relève aucunement d'autres types préexistants et rien dans la cristallisation ne rappelle l'action des ascendants et les lois de l'hérédité ». (Chauffard.) Cette manière de voir n'est pas exacte. Si le protoplasma d'un être vivant est toujours la continuation du protoplasma des parents, il en est à peu près de même dans la plupart des cas pour les cristaux.

On a étudié depuis Fahrenheit (1724) et Lowitz (1785) les solutions sursaturées (eau, sulfate de soude, etc). Il suffit, dans ce cas, de faire tomber un fragment cristallisé de ces substances dans le liquide pour en amener la cristallisation immédiate. Il est assez curieux de rappeler que c'est à la suite des travaux de Pasteur sur la génération spontanée et sous leur inspiration que des recherches sur cette question ont été entreprises par Violette et par Gernez. Ce dernier était d'ailleurs un des élèves de Pasteur, aussi se servait-il pour faire les ensemencements de la technique bactériologique. En déposant dans le liquide une parcelle cristalline très petite tout à fait analogue à celle qui sert à faire un ensemencement d'une culture bactérienne, on assiste immédiatement à la cristallisation qui se propage dans le milieu saturé à partir du cristal déposé. En fait, c'est tout à fait comparable à ce qui se passe pour la Bactérie. Le premier cristal en a engendré un deuxième semblable à lui ; celui-ci un troisième et ainsi de proche en proche. On objectera que le phénomène de multiplication est beaucoup plus rapide pour les cristaux ; mais, par des artifices expérimentaux, on peut le ralentir.

L'influence prépondérante du cristal initial se révèle d'ailleurs très nettement par cette expérience ingénieuse réalisée par Gernez avec le soufre qui peut cristalliser sous deux variétés : en octaèdres et en prisme. Il jette dans un tube en U qui renferme le même soufre en surfusion dans une branche un cristal octaédrique, dans l'autre un cristal prismatique et il voit que le même substrat amorphe donne dans un cas des octaèdres, dans l'autre des prismes.

Ostwald a poussé plus loin la comparaison avec la culture pure, en stérilisant le flaçon de culture et en flambant le fil de platine qui, d'ailleurs, peut être porté seulement au-dessus de 39° 5 pour être stérilisé dans le cas du salol (salicylate de phényle) dont les cristaux blancs fondent à 39° 5.

Il a recherché jusqu'à quel degré de petitesse le cristal pouvait descendre pour amener la cristallisation. En diluant le salol dans du sucre de lait ou dans du quartz pulvérisé, il s'est assuré qu'un millionième de milligramme est encore actif mais c'est la limite de petitesse du germe. Le salol ayant à peu près le poids spécifique de l'eau, cela correspond à un petit cube de 10 μ de côté (1). Or un tel cube est de même ordre de grandeur que les microbes aisément visibles au microscope.

La substance qui a servi à faire l'ensemencement

(1) Avec l'hyposulfite de soude la limite active est atteinte avec un petit cube de 1 μ de côté.

dans le cas précédent et qui avait donné un résultat positif tout d'abord, perd peu à peu son activité. Cette modification durable fait songer à ce qui se passe, à la longue, chez l'être vivant qui ne tarde pas à mourir : on peut dire alors qu'il y a eu mort du germe cristallin.

En somme, pour la cristallisation il faut l'intervention d'un cristal. Souvent ces cristaux existent dans les poussières de l'air et c'est ainsi qu'ils contaminent accidentellement les liquides sursaturés s'ils viennent à y tomber, rappelant alors les phénomènes d'altération des liquides fermentescibles dans les expériences de Pasteur.

Cette remarque conduit, pour les cristaux comme pour les êtres vivants, à la question d'origine. Comment est né le premier cristal? Ici, on peut répondre autrement que pour les animaux et les plantes : on connaît des faits qui peuvent être interprétés comme dans des cas de *génération spontanée des cristaux.*

Si l'on concentre du sel de Glauber ou sulfate de soude à dix équivalents d'eau, on peut assister à la cristallisation spontanée. Le premier cristal apparaît d'ailleurs plus tôt dans les grandes masses que dans les petites; une action mécanique est efficace, notamment des frottements, des chocs provoquent la cristallisation quand la sursaturation est faible; il n'en est plus de même d'ailleurs dès que la concentration devient considérable.

Mais pour la même substance, un autre ensemble de conditions étant réalisé (surtout de température et de concentration), la cristallisation spontanée pourra se produire. C'est qu'alors l'équilibre labile est obtenu : par exemple à 10° pour le bétol.

Errera a rapporté un cas très curieux de génération spontanée cristalline. La glycérine est une substance qui subit d'ordinaire des froids intenses sans se solidifier : elle devient alors visqueuse, mais ne passe jamais à l'état cristallin. Or, en 1867, un tonneau de cette substance fut envoyé de Vienne en Angleterre; il provenait de la maison Sarg. En vidant le récipient, on s'aperçut qu'il contenait des aiguilles blanches cristallines. Le fait parut extraordinaire à Crookes qui montra ces cristaux à des sociétés savantes et publia cette observation. Ces cristaux subissent la fusion à 17° ou 18°. Donc à 0° et surtout à — 10° et — 20°, la glycérine est au-dessous de son point de changement d'état; cependant, dans les conditions ordinaires et normales, les cristaux n'apparaissent pas. Introduit-on dans la masse un cristal ainsi obtenu tout à fait accidentellement, immédiatement la cristallisation s'opère dans toute la glycérine. On peut donc, grâce à cette découverte, être certain de conserver des cristaux que personne ne savait produire antérieurement; le brevet Krant fut pris à la suite de cette constatation, en vue d'un procédé de purifications de la substance pour la maison Sarg et compagnie.

Mais depuis cette observation la génération spontanée des cristaux s'est produite à nouveau en Russie, puis à Saint-Denis (chez M. Henninger) et, en 1876, Armstrong a établi que ce résultat peut être obtenu systématiquement par la combinaison du froid et des secousses violentes.

Cette histoire est très curieuse : elle relate l'apparition brusque d'une espèce cristalline et elle fait de suite venir à l'esprit l'idée qu'un ensemble de conditions cosmiques a pu être réalisé autrefois sur le globe permettant la genèse des êtres vivants.

Une fois apparus par l'effet du hasard heureux, ces cristaux de glycérine de 1867 ont été assurés d'une descendance, par reproduction à partir de germes cristallins : l'espèce cristalline était créée. D'autres conditions cosmiques peuvent d'ailleurs amener sa disparition. Il suffit pour cela d'une température bien peu élevée de 18°. Dès que cette condition est réalisée le cristal disparait. Sans la remarque heureuse d'Armstrong, on pouvait dire que l'espèce aurait été à jamais éteinte.

Malgré toutes ces remarques intéressantes devons-nous admettre que le cristal est doué de vie? Assurément non. « Pour tous ceux, dit M. l'abbé Maumus, que charment les comparaisons imaginées, le cristal pourra bien apparaître comme le cadavre rigide d'un sel; mais dissous à nouveau, ce cristal, comme le phénix, pourra ressusciter. Au contraire, le cadavre d'un animal ou d'un végétal peut tout au plus se conserver, mais il ne peut plus se dissoudre pour ressusciter ensuite. Le cristal est incapable d'employer, pour se former, des substances étrangères qu'il transformerait en corps semblable à sa propre substance. Le cristal ne peut pas, comme la cellule, s'assimiler des matériaux nutritifs et les énergies qu'ils contiennent. Il n'est pas non plus capable de produire du travail en se décomposant, et jamais il ne présente de phénomènes de mitose et d'amitose. »

« Cet ensemble de différences montre bien la signification qu'il faut attribuer à la vie des cristaux ». M. Maumus ajoute : « C'est par une analogie bien lointaine et par une sorte de besoin d'employer des mots à images que nous nous servons de ce terme pour désigner des phénomènes qui n'ont entre eux aucun rapport. La vie des cristaux est absolument différente de la vie de la cellule ». Ces analogies ne sont cependant pas négligeables d'autant plus qu'elles semblent chaque jour plus nombreuses à mesure que la vie est scrutée d'une manière plus approfondie. Les phénomènes vitaux sont si mystérieux que toutes les indications relevées sur leur histoire méritent d'être prises en considération. L'énigme de l'apparition de la vie reste entière. Tout ce que nous savons à l'heure présente nous amène à croire que la génération spontanée n'est pas possible. Cependant il a bien fallu (conception admise par

Spencer, Huxley et Tyndall) que les animaux et les plantes naissent brusquement dans une phase reculée de l'histoire de la Terre (1).

Même si l'on admet la théorie des Cosmozoaires d'après laquelle notre globe aurait été peuplé à l'origine par des météorites ou par des germes flottants transportés dans les espaces interplanétaires, le problème que nous envisageons ne serait que reculé, à moins d'admettre que la vie interastrale est éternelle. La théorie précédente des germes cosmiques entraîne la multiplicité des ensemencements et elle néglige l'action des rayons ultra-violets.

BIBLIOGRAPHIE

Benedikt. — Le biomécanisme ou néovitalisme en médecine et en biologie (Traduct. française, 1904). Les origines des formes et de la vie (*Rev. scientif.* 30 sept. 1905).

Bohn et Drzewina. — La Chimie et la vie. (*Bibl. de philos. scient.*).

De Coppet. — (*Bull. Soc. Chim.* t. 17, p. 146 (1872). *Ann. chimie et phys.* (S) 6, p. 275, 1875).

Dastre. — La vie et la mort. (*Bibl. de philos. scientif.*).

Errera. — Essai de philosophie botanique. A propos de la génération spontanée. (*Recueil de l'Instit. bot. Leo Errera*, t. IV, p. 63). *Rev. de l'Université de Bruxelles*, t. V, 1899-1900).

Gautier (Armand). — Mécanisme moléculaire de la variation des races et des espèces (*Rev. gen. sc.* 15 déc. 1901). — Mécanisme de variation des êtres vivants (Hommage à Chevreul, 1886, p. 30). Voir *Comptes-rendus de l'Acad. sc.*, t. 84, p. 342, 752, 668, 1507 ; t. 87, p. 54. *Bull. soc. chimique*, 2, t. 27, p. 496. Dict. Chimie de Wurtz, III, 691.

(1) Darwin, dans une lettre à Wallace, disait : « J'aimerais à vivre assez longtemps pour voir établir la preuve que la génération spontanée est une chose vraie, car ce serait d'un intérêt transcendant. »

GERNEZ. — (*Comptes rendus Acad. sc.*, 1865, t. 60, p. 833; p. 875; t. 80, p. 1007; 1877, t. 84, 1389).
HERZFELD. — Contribution à la chimie des ferments protéolytiques (1914).
LECOQ DE BOIS BAUDRAN. — (*Ann. de chimie et de physique*, 1869 (4), t. 18, p. 246).
MAURIN (Ch.). — Les états physiques de la matière.
OSTWALD. — Lehrb. der. allg. Chemie. 2e éd. II, (1897, 1899). Studien über die Bildung und Umwandlung fester Körper. (*Zeits. f. physik, Chemie*, 1897, t. 22. p. 289).
QUINCKE (G). — Ueber Protoplasmabewegung (*Biol. Centralbl.* t. 8, 188).
PASTEUR. — Sur la dissymétrie moléculaire (*Conf. Soc. de Chimie*).
RAUBER. — Die Regeneration der Krystalle, t. I et II. Leipzig, 1895-96. (Voir aussi *Biolog. Centralblatt*, 1896; p. 865).
SCHŒN. — Vie des cristaux. Rome, 1903.
TAMMANN. — Ueber die Abhängigkeit der Zahl der Kerne, welche sich in vers chiedenen unterkühlten Flüssigkeiten bilden, von der Temperatur (*Zeits. f. Phys. Chemie*, 1898, t. 25, p. 441).
VIOLETTE. — (*Comptes rendus Acad. sc.*, 1865, t. 60, p. 83).

CONCLUSIONS

Au terme de cette étude sur un sujet très difficile, où tant d'incertitudes subsistent, peut-être parce que le problème est insoluble pour l'esprit humain, il est indispensable de préciser les points qui paraissent solidement établis et ceux qui présentent beaucoup de vraisemblance.

1° On ne connaît pas de fait en faveur de la génération spontanée à l'heure présente (résultats de Pasteur).

2° Il y a eu une période de génération spontanée à l'origine des temps géologiques (période précambrienne, Algonkien).

3° Il semble peu probable qu'il y ait eu, dans le long cours des périodes géologiques qui ont vu s'épanouir le règne animal et le règne végétal, d'autres périodes de genèse (la paléontologie plaide en faveur d'une seule lignée pour tous les êtres vivants).

4° Il paraît assez vraisemblable d'admettre que les êtres verts sont apparus des premiers (Algues) ; rien ne prouve, s'il y a eu des êtres incolores antérieurs, que c'étaient des Bactéries.

Ces conclusions sont un peu déconcertantes. Comment se fait-il que la génération spontanée n'ait pu se produire qu'une fois? On ne peut pas dire que l'on trouve dans l'étude des cristaux la clé de cette énigme. Il y a entre les matières vivantes et les substances cristallines certaines similitudes curieuses. Peut-être découvrira-t-on plus tard des transitions que nous ne soupçonnons pas à l'heure présente.

Il n'y a pas lieu de s'effrayer de la hardiesse des hypothèses tout en restant vis-à-vis d'elles sur une grande réserve. Il est bon de se rappeler qu'elles constituent des outils dont la science ne peut pas se passer. Duclaux a dit une fois, dans une boutade, montrant l'attitude sceptique du savant vis-à-vis des théories : on ne leur demande pas même d'être vraies, mais seulement d'être fécondes en provoquant la découverte de faits jusque-là insoupçonnés.

L'hypothèse de l'éternité de la vie (Präyer) entraîne la conception du peuplement de l'Univers par les espaces stellaires. En concédant que des germes ultramicroscopiques résistent à l'action des rayons ultraviolets (ce qui est peut être beaucoup), il faudrait admettre des arrivées successives des germes sur la Terre. Il devrait y avoir plusieurs lignées d'êtres vivants, ce qui ne semble pas être. D'autre part, la théorie des Cosmozoaires ne fait que reculer dans le temps et dans l'espace le phénomène de la génération spontanée. Nous retombons donc, en somme, toujours dans les mêmes explications.

Il y a eu un phénomène extraordinaire, certains diront miraculeux, à l'origine des temps géologiques. Le qualificatif qu'on est tenté de lui attribuer importe peu, car il a dû se produire d'après des lois naturelles déterminées. Ces lois nous les ignorons complètement. Il serait parfaitement ridicule, de la part des savants, de laisser entendre que dans un avenir prochain ils vont fabriquer de la matière vivante. Notre ignorance s'explique, car il s'agit de percer un mystère qui remonte à 60 millions d'années. Malgré cela, les efforts que fait l'humanité pour deviner l'énigme la conduiront certainement à mieux connaître la nature et mieux tirer parti du monde où nous vivons pour le progrès de la civilisation.

Note ajoutée pendant l'impression.

(*Voir p. 152*).

L'action du *radium* se manifeste dans le traitement du cancer, car il amène la destruction du germe cancéreux. Mais ce réactif doit être manié avec la plus grande prudence, car il peut aussi déclancher des phénomènes karyokinétiques intenses, sorte de parthénogénèse expérimentale des tissus profonds (conférence de M. Magrou à la Faculté de Médecine de Paris, Décembre 1922).

TABLE DES MATIÈRES

E. GREVIN — IMPRIMERIE DE LAGNY

www.ingramcontent.com/pod-product-compliance
Ingram Content Group UK Ltd.
Pitfield, Milton Keynes, MK11 3LW, UK
UKHW022102260726
13993UKWH00001B/280

9 782329 299402